Edizioni PensareDiverso
Cenacolo Jung Pauli

Bruno Del Medico

Kuantum dolaşıklığı ve Carl Jung'un eşzamanlılığı

Kuvvet alanları, yerel olmama düzeyi, duyu dışı algılamalar. Kuantum fiziğinin şaşırtıcı özellikleri.

edizioni@delmedico.it

"Benim kişisel görüşüm, geleceğin bilimi için gerçekliğin ne psişik ne de fiziksel olmayacağı: bir şekilde hem her ikisi olacak hem de hiçbiri ... Fizik ve psişenin aynı gerçekliğin tamamlayıcı yönleri olarak görülebilmesi kesinlikle arzu edilirdi."

(Wolfgang Pauli, Nobel Fizik Ödülü, 1950'de Abraham Pais'e yazdığı bir mektupta)

Kitap dizini.

Kitap dizini. 6
Bu kitap neyle ilgili. 11
Bölüm 1- Önemli Başlangıç Konular. 15
Baruhill Sokağı Katliamı 16
Anlaşılmaz bir önsezi, ... *19*
Bunun tersi olabilir. *21*
Ruhun ağırlığı ne kadardır? 23
Daha hassas tartım yöntemlerine ihtiyaç vardır. *23*
Ama hepsi yanlış! *24*
Normal ve paranormal. 26
British Society for Psychical Research *28*
Hala yeterli değil. *30*
Eriha'nın duvarları yıkılıyor. 32
"Gereksiz DNA" *32*
Beyin hücrelerinin yenilenmesi. *33*
Evrenin% 96'sı bulunamıyor. *36*
Bölüm 2. Dünyanın ruhu 37
"Her şeyin bir olduğu" bilinci. 38
Platon ve "Anima mundi". *38*
Batı düşüncesine göre "Anima mundi". *39*
Doğu düşüncesinde "Anima mundi". *41*

"Batı Yakası Baptist Kilisesi" nde bir mucize yaşanır...44

Üçüncü Bölüm. Carl Jung'un eşzamanlılığı.............49

Carl Gustav Jung. Eşzamanlılık ve kollektif bilinçaltı...50

Baruhill Caddesi etkinliğinde eşzamanlılık.......53
"Psişik Güç Alanları" ve Değiştirilmiş Gerçeklik.. 61
Kilise patlamasıyla kurtarılan koro şarkıcıları olayında eşzamanlılık..61
Gerçek fiziksel olarak değiştiğinde..................70

Gerçekliğin dönüşümünün bir aracı olarak eşzamanlılık...74

Fiziksel dönüşüm. Dua ve şifa..........................74
"Arzu" ve "niyet"...76

Neden her zaman olmuyor?..................................78

Duygusal katılım..79
Zayıf sinyal teorisi..81

Dördüncü bölüm. Kuvvet alanları. Yerel olmama düzeyi. Psişik kozmos...83

Madde, zihin ve ruh..84

Varoluşun fiziksel seviyesi...............................84
kuantum seviyesi...88
Yerel olmayan seviye.......................................102
Bu projeye nasıl katılıyoruz?..........................104

Kuvvet alanları...106

lanetler dağı...111

Ganj nehrinde ritüel banyo. *113*
Kuvvet alanları ve arketipler. *114*
Zihinsel alanlar. 116
Morfogenetik alanlar nasıl çalışır? *119*
Morfogenetik alanlar ve morfik rezonans. *123*
Morfik alanlar *126*
Doğada "kuvvet alanları". Taşlar. *127*
Pierre Teilhard de Chardin ve "Omega Noktası". 131
Beşinci bölüm. Kuantum fiziğinin harikaları. 133
Zaman, mesafe, "kuantum mekansızlık" 134
Eşzamanlılıklar doğru zamanda gerçekleşir 136
Tam zamanında yapılmış bir toplantı 141
Pauli etkisi. *144*
Pauli ve Jung için psikofiziksel mdiyagram. ... *146*
"Kuantum dolaşıklığı". 147
"Kuantum dolaşıklığı"nın doğduğu yer. Temel parçacıklar. *148*
Kötü disiplinli elektronlar. *152*
Kuantum iç içe geçme, iki "ikiz" foton arasında doğar. *154*
Alain Aspect tarafından gerçekleştirilen deney. . 156
Kuantum dolaşıklığının ardındaki ilke. *157*
Dolaşmış fotonların sadakatsizliği. *160*
"Kuantum dolaşıklığı"nın sonuçları. 165
Altıncı bölüm. Duyu dışı algılar. 169
Altıncı ve yedinci his 170
Kozmos *172*

Duyu dışı algının tanımı. *173*
Ganzfeld deneyi. *174*

Telepati 179

Joseph Rhine'ın deneyleri. *180*
Upton Sinclair'in deneyleri *183*
René Warcollier'in deneyleri. *187*
Kuantum dolaşıklığı ve telepati. *191*
İkizler arasındaki duyusal tesadüfler. *193*

Bireysel kuvvet alanı. 195

Her yaratık birden fazla alanla etkileşime girer, ... *197*
Ve yaratık öldüğünde ne olur? *202*

Geleceğin bilgisi. 204
Denizde trajik bir macera. 206

Gerçek bir hikaye. "Mignonette" gemisinin enkazı.. .... *208*

Geleceğin edebi vizyonları 212

Futility. "Titan"ın batışı *213*
Titan'ın (fantastik) batışı ile 14 yıl sonra meydana gelen Titanik'in (gerçek) biri arasındaki yakınlık. *214*

Öngörü olaylar 217

Dean Radin'in deneyleri. *220*
Gelecekteki afetlerin vizyonu *223*

Diğer ön bilgi türleri. 226

İzleniyor olma hissi *227*
"Nefret dolu bakışlar". Cazibe. *227*

"Küresel Bilinç" Projesi. 229

Biri denedi. "Ruh Hali Durumlarının Google Profili" (GPMOS) *229*

Biri başardı. Küresel Bilinç Projesi (GCP) *231*

Bugün "Küresel Bilinç Projesi"....................... *234*

New York'taki "İkiz Kuleler" vakası. *234*

Sonuçlar. Doğru zaman mı? 237

Bibliography 240

Bu kitap neyle ilgili.

Yüzyıllar boyunca, telepati, geleceğe dair alametler ve basiret gibi duyusal olmayan algılar sahte fanteziler, illüzyonlar veya icatlar olarak kabul edildi.

Bilim çevrelerinde yaygın olan materyalist yaklaşım, her türlü "ruhani" gerçekliği a priori reddeder. Bunun nedeni, bu gerçeklerin laboratuvarda doğrulanabilir olmamasıdır.

Buna rağmen, tüm insanlar bilim tarafından reddedilenlere benzer deneyimler yaşamıştır. Örneğin, açıklanamayan olayları, gelecekteki olayların işaretlerini veya gerçekleşen rüyaları hatırlayabiliriz.

Bu deneyimlerden sık sık faydalandık. Bu onların hayali deneyimler olmadığını gösterir.

Bu fenomenler nadir değildir ve herkesi etkiler. Daha açık fikirli bazı akademisyenler, konuyu bilimsel olarak ele almak istemişlerdir. Büyü, mitoloji veya sözde-din felsefelerine başvurmadan duyusal olmayan deneyimleri anlamanın bir yolu olup olmadığını merak ettiler. Kitap, bu araştırmacıların deneyimlerini anlatıyor.

Şimdi, nihayet, bilimsel olarak daha yüksek bir bilinç seviyesinin varlığını gösteren kanıtlar ortaya çıkıyor.

Tüm insanlık için ortak olan fikirleri ve düşünceleri içeren bir "kolektif zihin" vardır. Bu, bizim yararımıza kullanabileceğimiz psişik bir kozmostur. Bu evrenden sinyaller ve bilgiler alıyoruz.

1980 yılında, "kuantum dolanıklığı" deneysel olarak doğrulandı.

Bu özellik, temel parçacıklar için tipiktir.

Tüm parçacıklar (atomlar, elektronlar, fotonlar) uzay ve zaman sınırlamalarına maruz kalmadan birbirleriyle iletişim kurabilir.

Bu, materyalist görüşün varsayımlarıyla keskin bir tezat oluşturuyor.

Temel parçacıklar arasındaki iletişim, bilinen fizik yasalarına tabi olmayan bir boyutta gerçekleşir. Bu boyut, bir "Evrensel Akıl" ile karşılaştırılabilir.

Princeton Üniversitesi'nde gerçekleştirilen "Küresel Bilinç Projesi" deneyleri, şüphesiz bir dünya bilincinin varlığını göstermiştir.

Kitap, ünlü psikoterapist Carl Gustav Jung tarafından geliştirilen sözde "kolektif bilinçaltı" teorisini anlatıyor. Jung'un teorisi Neoplatonik "Anima mundi" kavramına çok benzer. Bu teoriler, önde gelen bilim adamları ve Nobel ödülü sahipleri tarafından geliştirilen kuantum fiziğinin öngörülerinde doğrulanmıştır.

Kuantum fiziği "yerel olmayan" olarak adlandırılan bir düzeyin varlığını belgeler. Bu seviyede, temel parçacıklar muazzam mesafelerle ayrılmalarına rağmen, birbirleriyle ilgili her şeyi bilir ve birmiş gibi davranırlar.

İnsanlık, tamamen tesadüfen toplanan maddeye dayanan materyalist bir evren vizyonundan, madde ve ruhun bir arada var olduğu ve bütünleştiği yeni bir gerçeklik anlayışına doğru ilerliyor.

Duyularımız tarafından algılanabilen dünyada klasik fizik egemenliğini korurken, psişik içerikli yeni gerçeklik seviyeleri ortaya çıkıyor.

Kuantum düzeyinde, klasik fizik artık geçerli değil. Kozmosun maddi kısmı tek başına işlevini yerine getirmekte başarısız olur. Psişik bir boyuta, yani daha ileri bir düzeye, yersizlik düzeyine ihtiyaç duyar.

Bu seviyede, tüm evren bir olur. Artık maddeden değil, enerjiden ve bilgiden yapılmıştır ve olmadan sadece kaosun var olacağı bir uyum gücü ile koordine edilir.

Gerçekliğin en gizli seviyelerinde, madde ruh olmadan yapamaz. Benzer şekilde, ruhun kendini ifade etmesi için maddi parçaya ihtiyacı vardır.

Bu farkındalık, insanlığa yeni bir evrimsel sıçramaya eşlik ediyor, ardından materyalist egemenlik sona erecek.

Ruh ve madde arasında bir işbirliği çağı kurulacak. Duygu dışı algılar gibi artık reddedilen fenomenler, günlük yaşamda ortak kullanım mirası haline gelecektir.

Bölüm 1- Önemli Başlangıç Konular.

The person who follows the crowd
will usually go no further than the crowd.
(Albert Einstein)

Kalabalığı kim takip ederse, asla kalabalığın ötesine gitmez.
(Albert Einstein)

Baruhill Sokağı Katliamı.

27 Ekim 1992'de, Avustralya'nın kalabalık şehri Sidney'den çok da uzak olmayan, Orta Kıyıda bulunan Bateau Körfezi'nin yerleşim bölgesi Terrigal'de korkunç bir trajedi meydana geldi.

Bir çılgınlık anında Thomas Gannan'ın Baruhill Caddesi'ndeki evine giren bir adam, Thomas ve iki kızını öldürdü: 23 yaşındaki Kerry ve 18 yaşındaki Lisa.

Dahası, aynı deli, 27 yaşındaki oğlu David'i ve evde bulunan diğer iki kişiyi öldürdü.

Katliamın failinin adı Malcolm Baker'dı.

Meseleyi uzun uzadıya ele alan yerel gazete The Sidney Morning Herald'a göre, bunların hepsi aptalca nedenlerle gerçekleşti. Kuşkusuz Baruhill Sokağı katliamı, göklerin önünde intikam haykıran olaylardan biridir.

Bu vakalarla karşı karşıya kalan hepimiz şaşkına dönüyoruz. Neden böylesine iğrenç bir suçun meydana geldiğini merak ediyoruz. İnananlar kendilerine şunu sorabilir: Tanrı buna neden izin veriyor?

Tüm topluluğun acısı büyüktü. Thomas'ın üçüncü kızı olan Julie, katliam sırasında 17 yaşındaydı. Julie, kayıp sevdikler için yürek burkan bir aşk şiiri yazdı, bunlardan bazı satırları alıntılayacağım:

> ... now that everything has happened
> I wish it were a dream,
> but unfortunately it is reality,
> even if I can't believe it.

Şeil 1. Sağdaki Lisa Gannan. Lisa'nın yanında, aynı zamanda Malcolm Baker tarafından öldürülen bir kurban olan kız kardeşi Kerry de var. Fotoğrafta katliam sırasında evde olmayan kızların annesi de var.

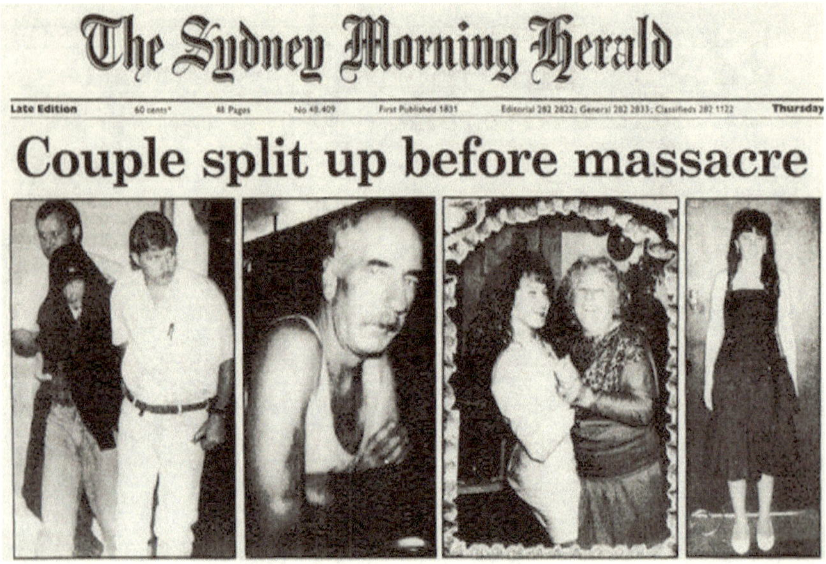

The Sydney Morning Herald

Late Edition 60 cents* 48 Pages No 48,409 First Published 1831 Editorial 282 2822; General 282 2833; Classifieds 282 1122 Thursday

Couple split up before massacre

Şekil 2. The Sydney Morning Herald'ın katliam haberlerinin yer aldığı ön sayfası.

Dear Dad, even if you are gone
I always love you..."

"... Artık her şey oldu
Keşke rüya olsaydı
ama maalesef gerçek
İnanamasam bile.
Sevgili baba, gitmiş olsan bile
Ben hep seni seviyorum ..."

Kitaba anlam vermek için bu korkunç katliamı bildirdim. Elbette bu tür şeylerin neden olabileceği sorusuyla karşı karşıya kaldığımızda cevabımız yok. Ancak, "birisi" bir uyarıda bulunsaydı, bunun olmayacağını tahmin edebiliriz.

Çoğu zaman, doğal afetler gibi çeşitli türlerde ani afetlerin varlığında, en kötüsünden kaçabildikleri için "olumsuz duygular" yaşadığını iddia eden insanlar vardır. Neden her zaman olmuyor? Neden herkes için olmuyor? Gannan ailesi durumunda bu neden olmadı?

Anlaşılmaz bir önsezi,

Ancak o ailenin bir uyarı almış olması mümkündür. Gördüğümüz gibi, Julie'nin etkileyici şiirini okurken, Gannan ailesindeki tüm kızlar yazmayı severdi. Lisa ayrıca şiir yazmaktan da çok memnun oldu.

Belli ki hayat dolu, neşeli, güneşli bir kız neşe duymaktan başka ne yazabilirdi ki?

Lisa okuldaydı. Katliamdan kısa bir süre önce Lisa'nın günlüğündeki şu satırları okuduğunda bir öğretmen nahoş bir şekilde şaşırdı:

"Why did you come to cry before my grave?
I'm not in the grave, I'm not sleeping.
I am a wandering star in the darkness of the night sky.
Don't cry here anymore,
I'm not in the grave, I live in the dark sky."

"Neden mezarımın önünde ağlayarak geldin?
Mezarda değilim, uyumuyorum.
Gece gökyüzünün karanlığında dolaşan bir yıldızım.
Burada durup ağlama
Mezarda değilim, karanlık gökyüzünde yaşıyorum."

Öğretmen ona dizelerin neden bu kadar acı dolu olduğunu sorduğunda, Lisa bilmediğini, çünkü kendiliğinden zihninde doğduğunu söyledi.

Ancak, Lisa'nın bunları anlamasının mümkün olup olmadığını da kendimize sormalıyız.

Lisa muhtemelen uyarıldı, ancak bilinmeyen, hermetik bir dilde yorumlanması zordu. Bu dil kız tarafından anlaşılmıyordu.

Çevremizde olup biten her şey, tuhaf tesadüfler, "işaretler", eğer anlamsızlarsa anlaşılamazlar.

Öte yandan, önemsiz bir olayı anlamlandırabilirsek, aynı olay bizim için önemli bir tesadüf olur. Psikolog Carl Jung, bu olayları "psişik eşzamanlılık" olarak adlandırır ".

Jung hayatının çoğunu bu konuları incelemeye adadı. Hepimiz anlaşılması zor sinyaller, garip tesadüfler, sıklıkla tekrarlanan kombinasyonlar, paralellikler şeklinde birçok mesaj alıyoruz. Ancak, onları doğru bir dikkatle değerlendirmiyoruz.

Bunun nedeni, bu gerçekleri sadece vakalar olarak kabul etmemizdir. "Birinin" bizi bu kadar önemsediğine ve bize uyarılar göndermeye çalıştığına inanmak zor. Bunu neden yapmalı? Ve eğer yapmak istiyorsa, neden kendini daha net ifade etmiyor?

Bunun tersi olabilir.

Önceki bölümdeki yorumlama zorluklarının aksine, Bay Woods tehlike sezgilerine çok daha fazla dikkat etti. Bir New York hukuk firmasında kıdemli bir ortaktı. Görünüşe göre birkaç kez yakın tehlikelerden kaçınmayı başardı.

Aslında, İnternette çok yaygın bir anekdota göre, üç saldırıdan kurtuldu.

İlk sefer 21 Aralık 1988'de Woods Pan Am Flight 103'e binmedi. O uçak Clipper Maid of the Seas adında bir Boeing 747-121'di ve Londra'dan New York'a uçuyordu. Uçak uçarken patladı

Trajedi, İskoçya'nın Lockerbie kasabasında meydana geldi. Uçak kazasında 259'u uçakta, 11'i yerde olmak üzere 270 kişi uçağın enkazına çarparak öldü.

İkinci kez, 26 Şubat 1993'te, Manhattan'daki Dünya Ticaret Merkezi'ne düzenlenen bir terörist saldırıdan kurtuldu. O sırada yer altı otoparkına yerleştirilen patlayıcı yüklü bir minibüsün patlaması nedeniyle 6 ölü, 1000'den fazla yaralı vardı.

Son olarak, 11 Eylül 2001'de, Bay Woods, onları yere düşüren terörist saldırıdan kısa bir süre önce "İkiz Kuleler" den ayrıldı.

Bu hikaye kesin bir şekilde belgelenmemiş olsa bile, çok şanslı insanlarla ilgili düzinelerce benzer hikaye var ya da ... bu insanlar psişik uyarılara çok dikkat ediyorlardı.

Ruhun ağırlığı ne kadardır?

Çevremizde anlamadığımız birçok şey var. Bu ebedi bir kınama mı, yoksa er ya da geç ışık tutmanın bir yolunu bulacağımızı umabilir miyiz?

Her şey, birçok insan yeteneğinin bilinmediğini gösteriyor, aslında, hayal bile etmediğimiz bazı şeyler var. Diğer yetenekler sadece sezgiseldir, yine de diğerleri, örneğin gelecek vizyonu ve telepati, var olduklarına yemin ederiz ama onları nasıl doğru kullanacağımızı bilmiyoruz.

Son yüzyıllarda, evrenin gerçekliğine ilişkin bilimsel önyargılar, ruhsal gerçekliklerin doğanın işleyişine dahil olma olasılığını reddetti.

Çevremizdeki dünya, mekanik kurallara tabi bir "katı madde" karışımı olarak kabul edilir. Bu anlayışa göre, sadece tartılıp ölçülebilen şeyler normaldir, geri kalan her şey sanki yokmuş gibi saf yanılsamadır.

Daha hassas tartım yöntemlerine ihtiyaç vardır.

Avrupa'da 18. yüzyıl civarında gelişen kültürel ve felsefi bir hareket olan Aydınlanma'nın ortaya çıkmasıyla birlikte, eğer ruh varsa, ağırlığını ölçmenin mümkün olması gerektiği belirtildi. Çünkü sadece "ruhsal özden" yapılmış bir ruh olamazdı.

Bu nedenle, birisi ölümden kısa bir süre önce ve kısa bir süre sonra insanların kilosunu kontrol etmeye karar verdi. Kilolarının farklı olup olmadığını görmek istedi.

Ağırlık aynı kaldığı için deneyci, ruhun tamamen var olmadığı sonucuna vardı.

Yorum eklemeden bu deneyin saçma sayılabileceğini düşündüm. Bunun yerine, günümüzde birinin tekrar etmek istediği haberi aldım.

2003 yılında "21 gram" adlı bir film yapılmış ve 190 deneylerine dayanmaktadır. Dr Duncan MacDougall liderliğindeki deneyler Dorchester'da gerçekleştirilmiştir. Bu isimde birçok şehir var, ancak burada Massachusetts (ABD) 'de bulunan şehirden bahsediyoruz ..

Bilim adamı, 1700'lerde kullanılanlardan daha hassas tartım aletleri kullanarak insan ruhunun bir kütleye sahip olduğunu ve bu nedenle ölçülebilir olduğunu göstermeyi amaçladı.

Böylelikle ölen altı kişinin ağırlığını bu insanların ölümünden önce ve sonra kontrol etti. Sonucu, ruhun 21 gram ağırlığında olduğuydu. Dolayısıyla filmin adı.

Ek güvenlik için, doktor aynı yöntemi kullanarak bir köpeği de tarttı. Ağırlığın aynı kaldığını buldu. İnsanların ruhları olduğu, ancak hayvanların olmadığı sonucuna vardı.

Ama hepsi yanlış!

Bilim, bu türden materyalist bir yaklaşıma sahipmiş gibi davrandığı sürece, bilim ve ruh arasındaki diyalogda ilerleme kaydedilmeyecektir. Bu kitapta söylemek istediğimiz şey, gerçekliğin yalnızca maddeden oluşmadığıdır.

Kendimize sorduğumuz sorular yüzyıllardır aynıdır:

- Ruhun da evrende maddeden yapılmış bir yeri olması mümkün mü?
- Ruhla madde arasında bir ilişki var mı ve temelleri nelerdir?
- Kişisel vicdanımızın evrenin diğer tüm vicdanlarıyla iletişim kurma yeteneği var mı?
- Peki evrenin diğer bilinçleri nelerdir?
- Evrenin farklı bilinçleri arasında bu iletişim hangi yollarla gerçekleşebilir?
- Ve son olarak, tüm bireysel bilinçleri birbirine bağlayan ve birleştiren küresel bir bilinç, "süper bilinç" var mı?

Bu sorunlar karmaşık görünebilir, ancak bunları anlamaya yaklaşmak imkansız değildir. Birçoğu görevi kolaylaştırmak için çalışıyor. Bu bilim adamları bunu ciddi bir şekilde ve bilimsel bir yöntemle yapıyorlar.

Bu kitapta en tanınmış bilim adamlarının keşiflerini, deneylerini ve deneyimlerini sunuyorum. Bu teoriler, psikolojiden kuantum fiziğine kadar bu araştırmada yer alan disiplinlerle ilgilidir.

Bu konuları bilimsel bir bakış açısıyla etkisiz olarak yargılamak yerine araştırma yeteneğine sahip olmak, zihnimizin kapasitesinin nesnel olarak anlaşılmasına ve evrensel Akıl ile diyaloğu nasıl yönettiğine katkıda bulunabilir.

Bilginin yayıcısı olarak rolümde, çeşitli hipotezleri herhangi birini tercih etmeden ifşa etmeye çalışacağım.

Normal ve paranormal.

Psişik olayların "paranormal" olduğu iddiası oldukça sorgulanabilir. Çoğu insanın başına gelmiyorsa veya sık sık olmuyorsa, bir şeye "sıra dışı" denebilir. Bununla birlikte, kişisel deneyimlerimizden bile, duyu dışı algılamaların normal ve sıklıkla gerçekleştiğini hepimiz biliyoruz.

Bununla birlikte, bu kategorideki olaylar için, resmi bilim "para-" önekini tamamen olumsuz bir anlamla icat etti. "Para-" ile, resmi bilime göre laboratuvarda tartılamayan ve ölçülemeyen ve dolayısıyla var olmayan her şeyi tanımlıyoruz.

Bu kriterin ardından, bu kitapta bahsettiğim konuların çoğu paranormal, pratikte aldatma veya zihinsel telkin sonucu olabilir.

Diğer pek çok açık fikirli bilim insanının görüşü, diğer yandan bunların normal olaylar olduğu yönündedir, çünkü bunlar çok sayıda insanı, çoğu kez birden fazla içerirler.

Bu nedenle, ben de bu olayları fenomen olarak tanımlıyorum, ama küçümsenecek olaylar anlamında değil. Fenomen terimiyle, anlaşılır hale gelmek için daha fazla çalışma gerektiren sıra dışı gerçeklere değineceğiz.

Daha sonra gerçeğe dönüşen bir "zihinsel vizyona" sahip olmak alışılmadık bir şey değildir. Uzun zamandır gözden kaçırdığımız bir kişiyi düşünmek de hepimizin başına gelebilir ve kısa bir süre sonra ondan bir telefon alabiliriz.

Benzer şekilde, kalplerimizde büyüyen bazı düşünceleri sevdiklerimizle sık sık zihinsel olarak paylaşmayı başarırız. Paylaşmak, bu düşünceleri daha önce hiç ifade etmemiş olsak bile gerçekleşir.

Neredeyse hepimiz zaman zaman gözlemlendiğimiz hissine kapıldık. Sonra geri dönüyoruz ve birinin gerçekten arkamızdan bize baktığını görüyoruz.

Materyalizmin savunucuları için bunlar, beyin maddesinde doğan fantastik yaratımlardır.

Materyalistlere göre insanın düşünme yeteneği, beyin içindeki elektrokimyasal sinyallerin değiş tokuşuna dayanır. Bu alışverişler kafatasının içinde gerçekleşir. Hiçbir şey çıkamaz.

Bu nedenle düşüncelerin kafamızdan çıkması veya başka kafalardan gelip kafamıza girmesi ihtimali tamamen dışlanır.

Hayal ettiğimiz her şey beynimizde doğar ve ölür, dışarı çıkma şansı yoktur. Düşüncelerimiz uzaya gidemez ve diğer beyinlere ulaşamaz.

Bazıları, iki beyni bir elektrik kablosuyla birbirine bağlayarak sinyal iletmenin mümkün olabileceğini söylüyor. Veya beyinler arasında sinyal alışverişi yapabilen bir wi-fi sistemine ihtiyaç duyulacaktır.

Onlara göre telepatiye, yani fiziksel bağlantıların olmadığı saf düşüncenin değiş tokuşuna dayanan bir wi-fi sistemi tamamen düşünülemez. Telepatik fenomenler meydana geliyor gibi görünse de, materyalist bilime göre meydana gelmezler. Telepatinin var olmadığına karar verdiler.

Bu noktada bilimin ne olduğunu sormaya değer. Belki bilim, her şeyin çoğunluğun önyargılarına göre ilerlediği bir sistemdir?

Yoksa bilim, hiçbir olasılığı dışlamadan araştırmanın yapıldığı bir sistem mi? Çok sayıda yanılmaz öğretmenin inançlarını değiştirmek zorunda kaldığı dikkate alınmalıdır. Ne yazık ki, yanlış inançların ancak uzun süre herkese empoze edildikten sonra değiştiği sık sık görülür.

Aydınlanma yüzyıllarından başlayarak son yıllara kadar materyalizm mümkün olan tek gerçeklikti. Son olarak, geçen yüzyılın ortalarından beri, kuantum fiziğinin açığa çıkması birçok yanlış kanıyı ortadan kaldırdı.

Kuantum fiziğinin ortaya çıkışından bu yana, aydınlanmış zihinlerin küçük bir azınlığı yeni ufuklar açtı. Bilimsel kanıtların materyalist teorileri geçersiz kılmasıyla birlikte bu bilim adamları artmaya devam ediyor.

Bu adamlar ruh kavramını yeniden değerlendirdiler. Ruh, maddeyle birlikte gerçekliğin tanımlanmasında temel bir bileşen haline geldi.

Duyusal olmayan gerçekliklerin bilimsel çalışmasına adanmış ilk organizasyon, "İngiliz Psişik Araştırmalar Derneği" idi.

British Society for Psychical Research

1882'de, Cambridge "Trinity College" ın üç üyesi bu topluluğu yarattı. İsimleri Chiaman Edmund Gurney,

Frederic Myers ve Henry Sidgwick'di. Edmund Rogers da vakfa katıldı

BSPR, bu amaçla kurulmuş kar amacı gütmeyen bir dernektir:

"Olayları incelemek ve ruhlar veya paranormallerle iletişim becerileri. Bu alandaki önemli araştırmaları teşvik edin ve destekleyin."

Dahası, şirket "doğaüstü olayları bilimsel ve tarafsız olarak incelemek" için kuruldu.

Bu nedenle, BSPR tam olarak parapsikolojik veya paranormal fenomenler hakkında bazı iyi araştırmalar yapmak ve ne kadar gerçek olduğunu değerlendirmek için doğdu.

Araştırma altı alana odaklandı:

- telepati;
- mesmerizm veya manyetizma;
- medyumluk; ruhlarla temas;
- görüntüler; mistik vizyonlar;
- seanslar sırasında meydana gelen fiziksel olaylar;
- tüm bu olayların tarihi.

Dernek şu anda Londra ve Cambridge'de bulunmaktadır. SPR'nin bir Fransız şubesi 1885'te "Société Francaise pour les Recherches Psychiques" (SFRP) adıyla kuruldu. Daha sonra Amerikan şubesi "Amerikan Psikolojik Araştırmalar Derneği" (ASPR) kuruldu.

Derneğin bazı ünlü destekçileri Carl Gustav Jung, Mark Twain, Lewis Carroll, Carl Alfred, Lord Tennyson, J. B. Rhine ve Arthur Conan Doyle'du.

Dernek faaliyeti, üç ayda bir yayınlanan "Journal of the Society for Psychical Research" (JSPR) dergisinin yayınlanmasıyla devam ediyor)

Hala yeterli değil.

BSPR'nin çatışmasında resmi bilimin kabulü soğuktu. Hermann Ludwig Ferdinand von Helmholtz, Alman doktor, fizyolog ve fizikçi. zamanının en yetenekli bilim adamlarından biriydi. Bu nedenle ona "Kanzler der Physik" (Fizik Şansölyesi) adı verildi. Çok kararlı bir şekilde ilan etti:

> *Farklı insanlar arasındaki düşüncenin aktarılmasına asla inanmayacağım. Tüm BSPR üyelerinin ifadelerini dinlesem bile fikrimi değiştirmeyeceğim. Aslında, kendi gözlerimle görsem bile fikrimi değiştirmeyeceğim.*

Buna benzer ifadeler ses ve görüntü aktarımı durumunda da yapılmıştır. Ancak daha sonra radyo dalgaları keşfedildi.
Belki de şu anda sıradan fizikte bilinmeyen "psişik dalgaların" keşfi birçok kişinin yeniden düşünmesini sağlayacaktır.

Kuantum düzeyinde, "psişik dalgalar" veya çok benzer bir şeyin mümkün olduğu düşünülüyor ve üzerinde çalışılıyor.

Ne yazık ki, bilim çok uyumludur ve herkes, özellikle kaybedecek çok şeyi varsa, mevcut duruma adapte olur. Araştırma dünyasındaki durum hayal kırıklığı yaratıyor. Duyusal olmayan algılamalarla ilgili ciddi çalışmalar hala çok azdır.

Aslında, birisi ilgisini paranormal alana çevirmek isterse, kesinlikle fon bulamaz ve kariyerini ciddi şekilde tehlikeye atar.

Neyse ki işler yavaş da olsa değişiyor. Materyalizm artık eskimiş bir doktrindir.

Ne yazık ki, inatla materyalist teorileri savunmaya kararlı büyük gruplar var. Gerçekliği kabul etmek istemeyenler, Pasifik adacıklarının kalelerinde kurulan son Japon barikatına benziyorlar. Materyalistler için gerçek şu ki, savaş yenilgiyle sonuçlandı.

Eriha'nın duvarları yıkılıyor.

Son birkaç yüzyılın fiziğin inançlarını altüst eden ve duyu dışı fenomenlerin (ESP) anlaşılmasını kesin olarak etkileyebilecek, belgelendiği ve onaylandığı kadar beklenmedik bazı yeni keşifler var.
Özellikle kuantum fiziği alanında ve evren çalışmasında son yılların ifşaları, tamamen farklı bir gerçeklik görüşü sağlar.
Sonraki bölümleri anlamak için yararlı bazı haberlerden söz ediyorum.

"Gereksiz DNA"

Moleküler biyolojide, "kodlamayan DNA", RNA'ya transkripsiyona tabi olmayan herhangi bir DNA dizisi olarak tanımlanır. Basit bir ifadeyle, "kodlamayan DNA" nın bilinen bir işlevi yoktur, kimse ne işe yaradığını bilmiyor. Bu DNA'nın görünürdeki fayda eksikliği, hurda DNA teriminin icat edilmesine yol açtı.
Birkaç hipotez formüle edilmiştir. Bununla birlikte, kesin olan tek şey, insan genomunun yaklaşık% 98,5'inin kodlamayan dizilerden, yani "hurda DNA" dan oluşmasıdır.
Diğer hesaplama yöntemleri düşünüldüğünde bile, kullanılmadığı görülen DNA yüzdesi yüksek kalır (yaklaşık% 72,5).
İnsan DNA'sının baz çiftleri ile balık, köpek veya tavukların baz çiftleri arasında ilgili benzerlikler

kaydedildi. Görünüşe göre, evrimsel yolda milyonlarca yıl uzaktaki türlerde ortak olan insan DNA unsurları var. Tüm bu zaman boyunca, çeşitli türlerin DNA'sı "işe yaramaz" kısmı bozulmadan tuttu.

Ama bize evrimin işe yaramaz kısımları iyileştirmelerle değiştirdiğini öğretmemişler miydi?

Bu nedenle, tüm bu "Önemsiz DNA" nın henüz belirsiz, çok farklı ve muhtemelen normal DNA'nın rolünden daha gelişmiş bir role sahip olması çok muhtemeldir.

Beyin hücrelerinin yenilenmesi.

Nörobiyoloji, başlangıcından bu yana, yetişkin memelilerin (dolayısıyla insanın da) beyninin yeni sinir hücreleri üretemeyeceğini ileri sürmüştür. Yaşlandıkça, beyin amansız bir şekilde çürümeye doğru gider.

Yaklaşık yirmi yıl önce, beyin kök hücrelerinin keşfedilmesiyle bu kesinlik ortadan kalktı ve artık yetişkin beyninin bazı bölgelerinde yeni nöron oluşumunun mümkün olduğunu biliyoruz.

Farelerdeki deneylere dayanarak, beyin her gün 10.000'e kadar yeni nöron üretebilir.

Beynin dayanıklılığı, birkaç on yıl öncesine kadar inanıldığından çok daha büyüktür.

Sonuç olarak, insan beyninin işlevi ve yeteneklerinin yeniden gözden geçirilmesi gerekir. 1980'de prestijli bilim dergisi "Science", Büyük Britanya'daki Sheffield Üniversitesi'nde tedavi gören bir hastanın vakasını belgeledi.

Hasta beyinsiz olduğu ortaya çıkan genç bir öğrenciydi. Beyni yoktu. Buna rağmen çocuğun 125 IQ'su vardı. Bu değer kesinlikle ortalamanın üzerindedir. Aslında, genç adam matematikten mükemmel notlarla mezun olmayı başardı.

(Kaynak: R. Lewin, "Beyniniz Gerçekten Gerekli mi?", Science 210, 1232–1234, 1980.)

Şiddetli beyin kusurlarına rağmen oldukça normal bir yaşam sürmeyi başaran birçok başka vaka bilinmektedir. Örneğin, beyninin sol yarısı olmadan doğan genç bir Virginia kadını olan Michelle vakası iyi bilinmektedir. Bu vaka, "Bethesda Bilişsel Sinirbilim Birimi" Direktörü Jordan Grafman tarafından incelenmiş ve belgelenmiştir.

CICAP web sitesinde, Michelle'in hikayesinin haftalık ve gazetelerde nöronal plastisite veya nörojenezin varlığının kanıtı olarak anlatıldığını belirten bir makale yayınlıyor. CICAP makalesine göre bu saçmalık; nöronal plastisitenin Michelle'in hikayesiyle hiçbir ilgisi yoktur. Bu hikaye sadece genç bir beynin çevreye uyumluluğunu göstermektedir.

Uyarlanabilirlik olacak, gerçek şu ki, Michelle sadece yarım beyinle çok iyi yaşıyor.

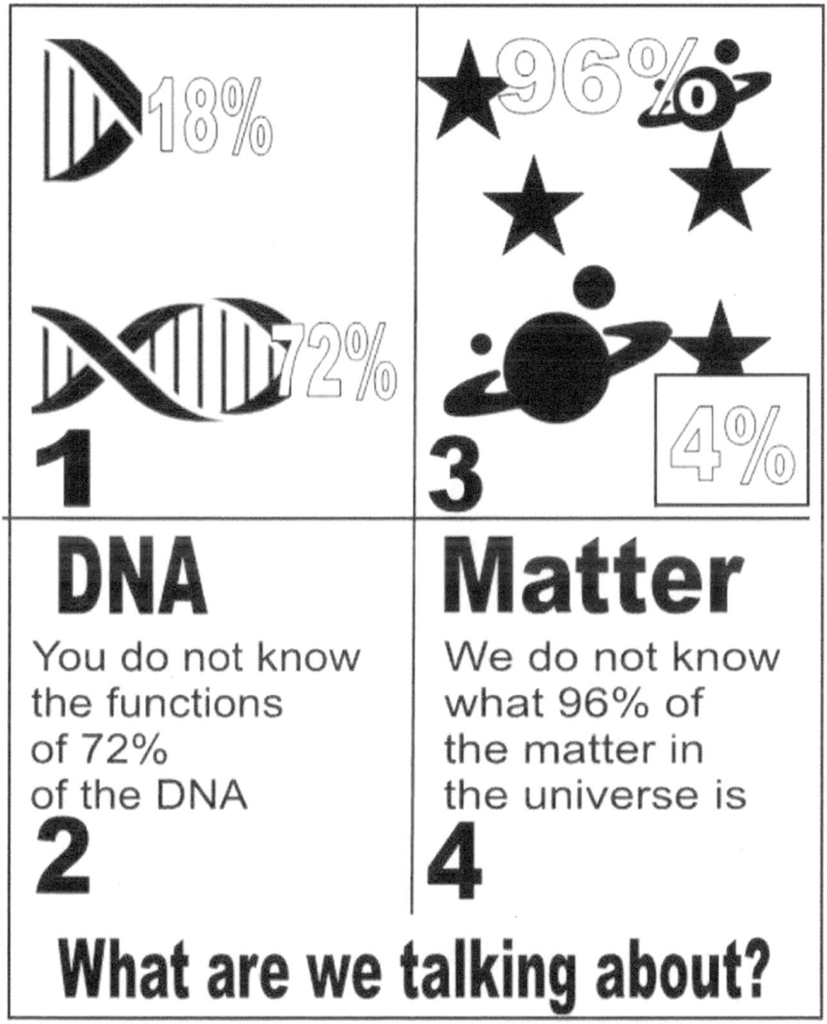

Şekil 3. İçinde yaşadığımız dünya hakkındaki bilgilerimiz hâlâ o kadar sınırlıdır ki çok az şey söylenebilir ve hiçbir şey reddedilemez.

1-2. DNA'nın% 72'sinin bilinmeyen bir işlevi vardır.

3-4. Neredeyse tüm evren "karanlık maddeden" oluşuyor.

Evrenin% 96'sı bulunamıyor.

Astronomik araştırmalardaki gelişmeleri takip edenler, inanılmaz bir gerçeği zaten biliyorlar. Artık her şeyin bilindiğine inanılırken, evrenin yaklaşık% 96'sının "karanlık maddeden" oluştuğu keşfedildi. Bu, hakkında kesinlikle hiçbir şey bilmediğimiz bir maddedir. Sadece var olduğunu biliyoruz.

Bu malzeme görünmez, ölçülemez ama orada olduğunu biliyoruz. Eğer orada olmasaydı, yerçekimi yasasına göre evren olduğu gibi işleyemezdi.

Şimdiye kadar, evrenin keşifleri daha sonra doğru olduğu kanıtlanan tahminlere dayanıyordu. Örneğin, nötrino ve Higgs bozonunun varlığı tahmin edildi. Bu tahminler doğrulandı.

Bugün evrenin% 96'sına eşit bir kısmının varlığı tahmin edilmekte ve tam da görünmez ve ölçülemez olduğu için "karanlık madde" olarak adlandırılmaktadır. Bu tahminin de doğru olup olmayacağını veya evrenin başka bir nedenle böyle işleyip işlemediğini bilmeyi bekliyoruz.

Zamanının en önemli fizikçilerinden biri olan Lord Kelvin'in sözleri akla gelmektedir. 1900'de, Newton'un mekaniğinin ve elektromanyetizmasının tüm fiziksel gerçekliği açıkladığını görünce şöyle dedi:

> *"Bilimde keşfedilecek yeni bir şey yok: yalnızca daha hassas ölçümler yapabiliriz." Ancak muhtemelen, onun zamanında gerçekliğin% 1'i bile keşfedilmemişti.*

Bölüm 2. Dünyanın ruhu.

"I simply believe that some part of the
human Self or Soul is not subject
to the laws of space and time."
(Carl Gustav Jung)

"Ben sadece insanın" Benliğinin "veya Ruhunun bir kısmının uzay ve zaman yasalarına tabi olmadığına ikna oldum."
(Carl Gustav Jung)

"Her şeyin bir olduğu" bilinci.

Varoluşun başlangıcından bu yana, insanın düşüncesi büyülenmiş ve yaratılışın genel bir bağ yoluyla birbirine bağlı olduğu kavramına dahil olmuştur. Bu, maddeye atıfta bulunulabilir bir bağlantı meselesi değildir. Maddenin üstünde olan psişik bir bağlantıdır.

Paganizm ve ilk animist dinler, her gerçekliğin, hatta en basitinin bile, genellikle "Yaratılışın Ruhu" ile bağlantılı bir ruhsal varlık içerdiğine inanıyordu.

Platon ve "Anima mundi".

Evrensel bir ruhtan ilk bahsedenler arasında MÖ 428 ile 340 yılları arasında yaşamış Yunan filozof Platon vardı. "Timaeus" kavramını daha eski doğu geleneklerinden alarak ifade eden kişi. Platon şöyle yazıyor:

> "Wherefore, using the language of probability, we may say that the world became a living creature truly endowed with soul and intelligence by the providence of God". (Plato, Timaeus, chapter VI, 30b-30c)

> *"Bu nedenle, olası bir teze göre, bu dünyanın, ilahi yardımseverlik sayesinde gerçekten ruh ve zeka ile donatılmış bir canlı olarak doğduğu*

söylenmelidir" (Platon, Timaeus, bölüm VI, 30b-30c)

Platon'un materyalizmle ilgili sorunları da vardı ve o sırada başka bir filozof Demokritos tarafından temsil edildi. Demokritos, MÖ 460 ila 370 yılları arasında yaşadı. Atomizm tezini savundu. Bu tez, maddenin tek töz ve şeylerin tek nedeni olduğuna göre ilk düşünce biçimini temsil eder.

Hıristiyan filozof Plotinus üçüncü yüzyılda yaşadı. "Enneidi" adlı eserinde şöyle yazarken Platon'un düşüncesine atıfta bulunur:

"This universe is a unique animal that contains in itself all the animals, having only one Soul in all its parts". (Plotinus, The Enneads IV, 4, 32)

Bu evren, tüm hayvanları kendi içinde barındıran eşsiz bir hayvandır. Gerçekte, evrenin tüm kısımlarında sadece bir Ruh vardır "(Plotinus, Enneadi IV, 4,32).

Zamanla Batı düşüncesi ile Doğu düşüncesini birbirinden ayırabiliriz.

Batı düşüncesine göre "Anima mundi".

On ikinci yüzyılın Fransız skolastik filozofu William of Conches, bağlantılı olduğu Hıristiyanlık düşüncesini yorumlayarak, şu terimlerle "Dünyanın Ruhu" ndan söz eder:

> The Soul of the World is a natural energy beings for which some have only the ability to move, the other to grow, others to perceive through the senses, others to judge. The question is ... what is that energy. But, as it seems to me natural that energy is the Holy Spirit, which is a benign and divine harmony that is that from which all realities have to be, to move, to grow, the feeling, the experience, the judge."

> *"Dünyanın Ruhu, yaratıkların doğal bir enerjisidir. Bu enerji sayesinde bazı canlılar hareket etme, bazıları büyüme, bazıları duyu yoluyla algılama, bazıları yargı yapma yeteneğine sahiptir. [...]*
> *Bu enerjinin ne olduğunu bilmek istiyoruz. Tabii ki, bu doğal enerji Kutsal Ruh'tur. Bu enerji ilahi ve yardımseverdir. Bu enerji sayesinde her şey var olabilir, büyüyebilir, hareket edebilir, hissedebilir, yaşayabilir, yargılayabilir "*

16. yüzyılda "Dünyanın Ruhu" kavramı Giordano Bruno tarafından desteklendi. Bu filozof, doğada o kadar var olan bir Tanrı hayal etti ki, doğanın kendisinin Tanrı olduğunu söyleyebilirdi.

Filozof Tommaso Campanella bile var olan gerçekliğin tüm unsurlarının bir bilince sahip olduğunu savundu.

Doğu düşüncesinde "Anima mundi".

Batı'nın tipik formlarına paralel olarak, Hinduizm, Budizm ve Taoizm gibi dinlerde "Dünyanın Ruhu" kavramı Doğu'da da gelişmiştir.

Doğu dinlerinde veya felsefelerinde bile, evrenin üniter ve kompakt bir kuvvet tarafından canlandırıldığı fikri hakimdir.

Çin'de bu güç "yin ve yang" tarafından temsil edilen kozmik düalizmi birliğe getiren etkinlik olan Tao'dur.

Usta Lao Tse ünlü metni "Tao Te Ching" de Tao'yu şu ayetlerle anlatır:

> There was something undefined and complete, coming into existence before Heaven and Earth.
> How still it was and formless,
> standing alone, and undergoing no change, reaching everywhere and in no danger. It may be regarded as the Mother of all things.
> I do not know its name, and I give it the designation of the Dao. Making an effort to give it a name I
> call it The Great.

Ayrım gözetmeksizin mükemmel olan bir şey var.
Bu, cennetin ve dünyanın doğumundan önce var.
Ne kadar sakin! Ve ne kadar boş!
Bağımsız ve değişmezdir.
Tao, engelsiz daireler çizerek dolaşır.
Tao'yu dünyanın annesi olarak görebiliriz.
Onun adını bilmiyorsun.
Ben buna "Tao" diyorum.

Ben buna "Harika olan" diyorum.
Ancak bu isim büyüklüğünü ifade etmeye yetmiyor.

Carl Jung, "eşzamanlılık" üzerine yazdığı denemesinde "Tao Te Ching" in bu dizeleri hakkında yorum yapıyor. Alıntıda Jung, bilim adamı Richard Wilhelm'e atıfta bulunuyor. Wilhelm, Tao'yu "şeylerin anlamı" olarak çevirir.

Böylece Tao, evrenin gerçekliklerinin anlamını temsil eder.

Benzer şekilde, "eşzamanlılık" olayları, ancak o olayı yaşayan kişi, bir dizi ilgisiz gerçekle anlam yüklediğinde anlam kazanır.

Jung tarafından tanımlanan "anlam" ın fiziksel bir doğası yoktur. Sadece ruhun bir sezgisidir.

"Tao te Ching" de şu ayetleri içerir:

"The Tao (meaning) causes things
In a misty, indistinct manner.
So indistinct, so foggy
Images are in him,
so foggy, so indistinct
things are in him ...
....
You look for it with your eyes and you don't see it,
this means, expressed with a name: what is aerial.
He strains his ear and does not hear it,
this means, expressed by a name: the subtle
He holds out his hand and does not grasp it,
this means, with a name: the incorporeal.
...
It means form without form,
the image without a thing.
It means the nebulous-vanished,
you go towards him and you can't see his face,

if you follow it you can't see its back."

Tao (anlam) olaylar üretir.
Onları puslu ve belirsiz bir şekilde doğurur.
Tao aracılığıyla görülen zihinsel imgeler ne kadar belirsiz, ne kadar puslu!
Tao aracılığıyla görülen maddi şeyler ne kadar belirsiz, ne kadar puslu!
....
Tao'yu gözlerinle arıyorsun ve görmüyorsun.
Adı "ruhani" dir.
Tao'yu duymak için kulağınızı zorluyorsunuz ve duymuyorsunuz.
Adı "zayıf".
Elinizle Tao'yu ararsınız ve tutmazsınız,
Onun adı "maddi bedenden yoksun".
...
Tao, "formsuz form" anlamına gelir.
Tao, "madde olmayan şey" anlamına gelir.
Tao, "puslu kaybolmuş" anlamına gelir.
Tao'ya giderseniz yüzünü görmezsiniz.
Eğer onu takip edersen, sırtını göremezsin.

Hinduizm ve Budizm için "Dünyanın Ruhu", "" Ātman "dır.

Bu, "Benlik, bireysel ve içsel bir şey. Bu kişisel ve içsel ilke, evrensel ve dış ilke olan Brahman ile ayrılmaz bir şekilde birleşmiştir.

"Batı Yakası Baptist Kilisesi" nde bir mucize yaşanır.

1 Mart 1950 Çarşamba gününün soğuk akşamı, her zamanki gibi, Nebraska'nın Beatrice kasabasında 488 West Court'ta bulunan West Side Baptist Kilisesi korosu üyeleri bir araya gelmek üzereydi.

Koro şarkı provaları 19.30'da başlayacaktı. Genellikle on beş şarkıcıdan hiçbiri diğerlerine saygı duymadan geç gelmezdi. Dahası, Allah'ın ihtişamı için bir hizmete çağrılanların sorumluluğu ile taahhüt yerine getirildi.

Başlamadan üç dakika önce, saat 227'de, koro şefi genellikle elinde copla podyumda hazır olduğunda, kilise patladı. Duvarlar ve çatı parçaları, mobilyalar, sandalyeler ve odanın diğer her yeri onlarca metre boyunca etrafa fırlatıldı. Daha sonra itfaiye tarafından tespit edilen sebep gaz patlamasıydı.

İnanılmaz bir tesadüf eseri on beş şarkıcı kurtarıldı, çünkü o akşam kimse zamanında gelmemişti. Özellikle papaz Rahip Walter Kiempel, eşi ve kızı Marilyn Ruth son anda kızlarının elbisesinin lekeli olduğunu ve diğer elbisenin ütülenmesi gerektiğinden zaman kaybettiğini fark etmişlerdi.

Bir katip olan Herb Kipf, şirketinin yönetimine acil bir mektup göndermek zorunda kalmış ve ertesi sabah postalamak için posta kutusuna koymuştu. Sonuç olarak, teyzesi Esther Stuermer da yanına geç geldi.

Genç bir öğrenci olan Dorothy Wood, hasta babasına bakmakla meşguldü ve bu nedenle gecikmeye neden olan sorunları vardı. Kiliseden uzakta yaşamadığı için, onun gelişini görmeden onu bekleyen komşusu Lucille Jones ile her zaman yaya olarak yolculuk ederdi.

Koronun yöneticisi Bayan Paul, oğluna bir görevde yardım etmek zorunda kaldı. Sonuç olarak, hem o hem de kızı Marilyn geç geldi. Harvey Ahl da çocuklara bakmakta gecikmişti. Aynı otomobilde seyahat eden Ladona Vandergrift, Royena Estes ve Sadle Esh'in mekanik sorunları vardı.

Joyce Black soğuktan dolayı o akşam dışarı çıkmamaya karar vermiş ama sonra dışarı çıkmıştı. Ancak kararsızlık nedeniyle geç kalmıştı.

Sonunda Leonard Schuster, annesinin bir misyoner toplantısına hazırlanmasına yardım etmiş ve geç kaldığını anlamamıştı.

Bir dizi şartlar sayesinde, koronun 15 üyesinden hiçbiri patlamadan zarar görmedi. Bu inanılmaz tesadüf zincirini açıklamak için şans kullanılabilir mi? Aslında, tüm bu "olağandışı gecikmeler" kesinlikle çok fazla.

Carl Gustav Jung'a göre, tesadüfler bu kadar tekrarlandığında, o durumda yaşayanlar için anlamlı olabilir. Jung'a göre, bir dizi garip gerçek "önemli" hale gelebilir.

Sözde "önemli" tesadüflerin incelenmesi, Jung'un "eşzamanlılık teorisini" geliştirmesine izin verdi.

"Carl Jung'un eşzamanlılığı" terimi, herhangi bir ortak neden olmaksızın gerçekleşen iki veya daha fazla olay arasındaki bağlantıyı belirtir. Olaylar bağımsız olarak gerçekleşmelidir. Olayların hiçbiri başka bir olayın sonucu olmamalıdır. Serideki başka bir olayı etkilememelidir.

BEATRICE DAILY SUN

on Still
s Gloomy
r Picture

Gas Is Blamed For Church Explosion

Find 2 Leaks In Main Not Very Distant

Gas May Have Followed Pipe Through Frozen Ground

Legal Snarls
Signing Of C

Contract May Not Be
Lewis Meets With

Happy Miners Toast Lewis: Rarin' To Go

Coal Diggers Elated Over Chance To Get Back To Work

Şekil 4. Patlama haberleriyle Beatrice Daily Sun'ın ön sayfası.

Şekil 5. 1 Mart 1950'deki patlamadan sonra Batı Yakası Baptist Kilisesi binası.

Dahası, bir "Jung eşzamanlılığını" oluşturan olaylar, herhangi bir zaman diliminde gerçekleşmelidir. Bununla birlikte, zaman içinde uzak olsalar bile, bir makullük kriterine göre birbirine bağlanmaları gerekir.

Aslında koroların gecikmeleri ile kilisenin patlaması arasında nedensel bir ilişki yoktur: Patlama gecikmelerin nedeni olamaz. Aslında daha sonra oldu. Benzer şekilde, gecikmeler patlamanın nedeni değildir.

Tüm gecikmelerin toplamının on beş kişinin kurtuluş nedeni haline geldiğini hatırlamak önemlidir. Bu sayede bu etkinliğin kendine has özellikleri olduğuna inanabiliriz.

Fiziksel gerçekliğimizde kilisenin patlayacağını kimse bilemezdi. Ama belki de başka bir gerçeklik düzeyinde, şey biliniyordu. Bu seviyede zaman ve mekan yoktur, her şey zaten bilinmektedir.

Geçmişi ve geleceği olmayan bir seviyede, bir tehlikenin bilinci ve aynı tehlikenin ortaya çıkması aynı anda ve ebediyen mevcuttur.

İnsan bilinci bu seviyeye ulaşabilseydi, herhangi bir tehlike önceden bilinecekti. Bu nedenle herhangi bir tehlikeden kaçınılabilir. Maalesef bu yolculuğu yapamıyoruz. Ancak bazen bilgi önderlik eder ve bizi aramaya gelir. Bilgi gizemli bir şekilde gelir. Aniden "biliyoruz". Bu durumlarda, bilinmeyen bir bilgelikten gelen şeyleri bilebiliriz

Üçüncü Bölüm. Carl Jung'un eşzamanlılığı.

"Life is a game in reverse. The truth is that all our situations or circumstances have their beginning in our mind. Our idea of who we are create what we become. The great news is that you can change your ideas and change your life. " (Carl Gustav Jung)

"Hayat, geriye doğru işleyen bir oyundur. Gerçek şu ki, dahil olduğumuz tüm durumların veya koşulların başlangıcı zihnimizde vardır. Kim olduğumuza dair fikrimiz, ne olduğumuzu yaratır. Harika haber, kendinizle ilgili inançlarınızı değiştirebilmeniz ve böylece hayatınızı değiştirebilmenizdir. " (Carl Gustav Jung)

Carl Gustav Jung. Eşzamanlılık ve kollektif bilinçaltı.

"Dünyanın Ruhu" nu daha bilimsel bir şekilde tanımlamanın bir yöntemi, onu "kolektif bilinçaltı" denen teori ile özdeşleştirmektir. Bu teori, 26 Temmuz 1875'te İsviçre'nin Kesswil kentinde doğan ünlü bir psikanalist, psikiyatrist ve antropolog olan Carl Jung tarafından geliştirilmiştir.

Kolektif bilinçdışı, "ilkel psişik kavramları" veya arketipleri yöneten bir "fikirler" kabını temsil eder. Tüm bireysel bilinçlerin bağlı olduğu yüksek bir bilinç gibidir, böylece içeriği paylaşılabilir. (Bkz. Şekil 6)

Kollektif bilinçdışının içerdiği "ilkel psişik kavramlar", tüm kültürlerin tüm insanlarında kendini gösteren formlar ve sembollerdir. Kollektif bilinçaltının içeriğinden hepimiz faydalanabiliriz.

Jung, tüm insanları etkileyen tuhaf tesadüflerin incelenmesinden yola çıkarak kolektif bilinçaltı teorisini kurar.

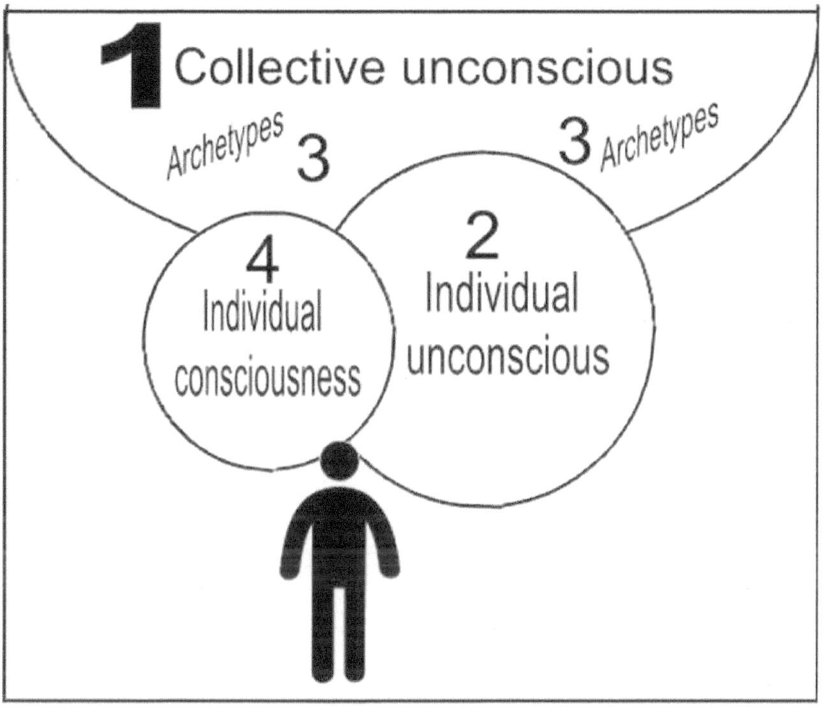

Şekil 6. Jung'a göre insan ruhu üç katmana ayrılabilir: bilinç, bireysel bilinçdışı ve kollektif bilinçdışı.
1 Kolektif bilinçaltı. tüm insanlığın.
2 Her bireyin bilinçaltı.
3 Kolektif bilinçaltında bulunan arketipler.
4 Kişisel vicdan.

Bu tesadüfler, sadece şansın meyveleri olarak kabul edilemeyecek kadar önemli bir şekilde tezahür ettiklerinde, eşzamanlılık haline gelirler. Eşzamanlılıklar kollektif bilinçaltından gelir.

Önemli tesadüfler artık tesadüflerin sonucu olarak düşünülemez, ancak açıklanmaları için daha yüksek bir bilinç seviyesine ihtiyaçları vardır.

Jung tarafından geliştirilen teoriye göre, insan ruhu üç farklı katmana ayrılabilir: bilinçli, bireysel bilinçaltı ve kollektif bilinçaltı. Bilinçli seviye, kişinin tamamen farkında olduğu tüm kavramları içerir.

Her bireyin bilinçsiz bir kısmı vardır. Bireyin doğrudan farkında olmadığı ruhsal boyuttur. Kişinin eylemlerinin temelinde içgüdüleri, düşünceleri, duyguları, davranışsal modelleri içerir.

Bunun yerine kollektif bilinçaltı, arketipler biçiminde insanlığın tüm bilgisini içerir.

Eşzamanlılık, gerçekliğimiz üzerinde önemli etkilerle birlikte kollektif bilinçdışından bireysel bilincimize arketiplerin aktığı bir olaydır.

Önceki sayfalarda anlatılan her iki durumda da, Lisa Gannan'ı içeren Baruhill Sokağı katliamı ve koronun on beş üyesinin dahil olduğu Batı Yakası Baptist Kilisesi'nin patlaması, eşzamanlı bir olay tespit edebiliriz.

İnce bir bağlantı, genç Lisa'nın güvenliğini sağlayabilirdi. Aynı bağlantı, şarkıcıların güvenliğini de belirledi. Kendimize sormalıyız: ince bağlantı ipinin diğer ucunda ne güç, ne gizem, ne var?

Bu vakaların içeriği, onları eşzamanlı bölümler olarak tanımlamamıza gerçekten izin veriyor mu? Basit rastgele tesadüflerden eşzamanlılığa nasıl dönüştüğünü görmek için iki olayı ayrıntılı olarak incelemeye çalışalım.

Baruhill Caddesi etkinliğinde eşzamanlılık.

Katliamdan birkaç gün önce, Lisa Gannan neşeli ve güneşli mizacıyla çelişen bazı rahatsız edici ayetler yazdı. Bir lise öğretmeni ayetleri okur ve Lisa'ya neden bu kadar üzgün olduğunu sorar. Lisa bilmediğini söyler, dizeler ona kendiliğinden geldi.

Bölüm önemsiz bir tesadüf olarak kabul edilebilir. (Bkz. Şekil 7)

Bir süre sonra, Lisa'nın hayatını kaybettiği katliam meydana gelir. Katliamla hüzünlü satırların yazılması arasında bir bağlantı yok. Katliam, dünyada her gün yaşananlara eşit, sadece bir haber hikayesidir. (Bkz. Şek. 8)

Her iki olguyu da ayrı ayrı ele alırsak, birbirleriyle hiçbir bağlantıları olmadığını görebiliriz. Her iki olay da diğerinin nedeni değildi.

Bununla birlikte, iki bölümü birlikte düşünmeye çalışalım.

İki gerçeğe onları birbirine bağlayan bir "anlam" vermeye çalışalım.

İki bölüm bir "duyu" ile bağlantılıysa, artık önemsiz değiller, ancak önemli hale geliyorlar. (Bkz. Şekil 9.) Şekilde olduğu gibi bağlantılı gerçekler bir eşzamanlılığı temsil eder.

Şekil 10'da eşzamanlılığın nasıl inşa edildiğini görebiliriz.

Ancak bir şüphemiz var. Lisa yaklaşan tehlike konusunda uyarıldı. Diğer kurbanların neden uyarılmadığını kendimize sorabiliriz.

 7	Lisa Gannan writes unusually sad verses that evoke death	It is a trivial causality, due to a moment of "black humor"

 8	Malcom Baker enters the house of Thomas Gannan and kills six people	A case of Black chronicle how so many happen

 9	Lisa Gannan writes unusually sad verses that evoke death	According to what will happen shortly, we consider the fact as a premonition
	Malcom Baker enters the house of Thomas Gannan and kills six people	This event confirms Lisa Gannan's premonition

Şekil 7 Lisa Gannan ölüm hakkında alışılmadık derecede üzücü satırlar yazıyor. Bu, bir anlık olumsuz ruh halinden kaynaklanıyor olabilir.

Lisa eskiden yaptığı gibi ayetler yazar. Bu alışılmadık görünmemeli. Tek tuhaflık, özellikle karamsar kelime ve kavramlar kullanmasıdır.

Şekil 8. Malcolm Baker, Thomas Gannan'ın evine girer ve altı kişiyi öldürür.

Bu sıradan bir suç haberleri vakası. Buna benzer birçok durum olur. Malcom Baker'ın kendi oğlunu da öldürdüğü katliam, suç hikayesinin bir parçasıdır.

Şekil 9 Yakında olacakların ışığında, bu gerçeği geleceğin bir vizyonu olarak görüyoruz. Malcolm Baker, Thomas Gannan'ın evine girer ve altı kişiyi öldürür.

Bu sıradan bir suç haberleri vakası. Buna benzer birçok durum olur. Malcom Baker'ın neden olduğu katliam, suç raporunun bir parçası.

Ancak katliam, Lisa Gannan'ın olumsuz görüşünü doğrular. İki gerçeği birlikte ele alırsak, Lisa'nın yazdığı şiir geleceğin bir öngörüsü olur. Katliam, Lisa'nın öngörüsünün doğrulanmasını temsil ediyor-

Aslında, Lisa'nın trajik bir şiir yazdığını, sadece o şiiri okuyan öğretmenin tanıklığı sayesinde biliyoruz. Aksi takdirde bu durumu asla bilemezdik. Lisa şiirine hiç önem vermemişti.

Ne yazık ki, Lisa'nın aldığı ipucu geçiciydi ve hafızasında dağılmaya meyilliydi.

Öyleyse, katliamın diğer kurbanlarının da uyarı almış olabileceğini tahmin edebiliriz. Ancak bu uyarılar dikkate alınmadı.

Şekil 10'u inceleyelim. Carl Jung tarafından geliştirilen teoriye atıfta bulunan bir hipotezi temsil eder. Açıkçası bu basitleştirilmiş bir yeniden yapılanmadır. Bu yeniden yapılanma, çeşitli bilinç katmanlarının katılımını anlamayı amaçlamaktadır.

Nokta 1. Malcolm Baker'ın kişisel bilinçaltı ölümcül bir niyetle "şişer". Belki de Malcolm bilinçli kısmında bunu henüz algılamıyor. Ancak, ilkel içgüdülerin ve duyguların merkezi olan bilinçaltında öldürme iradesi güçleniyor. Bu, ruhunun ahengine zarar veren bir "gerilim alanı" yaratır.

Nokta 2. Gerginlik kolektif bilinçaltına yükselir ve heyecanlandırır.

cinayetin "ilkel psişik kavramı veya" arketipi ".

Nokta 3. Heyecan, cinayet arketipi ile "ölüm korkusu" arketipi arasında bir "ıstırap alanı" yaratır. İkincisi bir "enerji alanı" oluşturur. "Enerji alanından", alarmı Lisa'nın kişisel bilinçaltına ileten bilgi gelir.

Nokta 4. Lisa'nın kişisel bilinçaltı, sahip olduğu araçlarla bilgiyi işler. Amaç, bilgiyi Lisa'nın bilinci için olabildiğince anlaşılır hale getirmektir. Lisa'nın bilinçaltında bulunan bir araç şiirsel dizeler yazma eğilimidir. Kolektif bilinçaltından alınan bilgiler bu araç kullanılarak işlenir.

Nokta 5. Kolektif bilinçaltından gelen bilgiler, ayetlerin yazılmasıyla genç Lisa'nın vicdanına açık hale getirilir. Ancak ne yazık ki Lisa yazdıklarının trajik anlamını kavrayamıyor. Sadece satırların "zihninde doğduğunu" not eder.

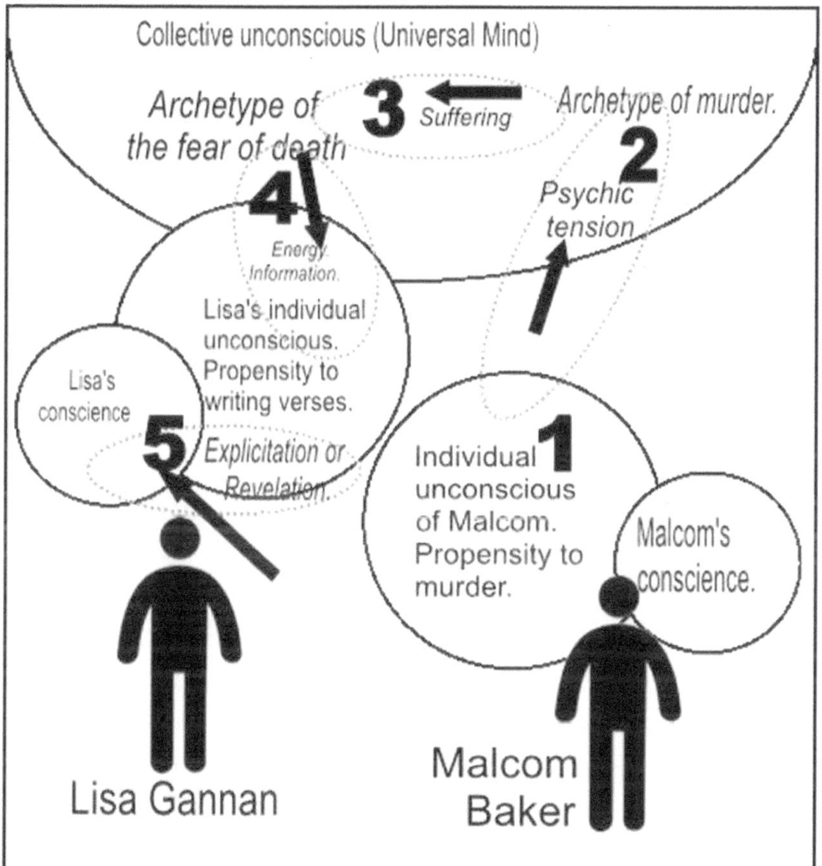

Hypothesis on the formation of synchronicity in the case of Lisa Gannan.

Şekil 10. Lisa Gannan durumunda "eşzamanlılığın" oluşumu üzerine hipotez.

1 Malcolm Baker'ın vicdanı. Malcolm Baker'ın kişisel bilinçaltı. Cinayet eğilimi.

2 Gerilim, cinayetin "ilkel psişik kavramında veya" arketipinde "ortaya çıkar.

3 "Ölüm korkusu" arketipinde bir "acı" doğar.

4 Lisa Gannan'ın kişisel bilinçaltı. Şiir eğilimi.

5 Lisa Gannan, toplu bilinçaltından bireysel bilinçaltına akan bilgiyi trajik bir şiirle ifade ediyor.

"Psişik Güç Alanları" ve Değiştirilmiş Gerçeklik..

"Alan" ifadesini bir "gerilim alanını", "ıstırap alanını" ve "bilgi alanını" belirtmek için defalarca kullandığımıza dikkat etmek önemlidir. Sonraki bölümlerde "alan" kavramına kapsamlı bir şekilde döneceğiz.

Bir diğer önemli şey de "dönüştürücü eylem" olarak adlandırabileceğimiz şeydir. Bu, eşzamanlılık olayının Lisa'nın öfkesine getirdiği değişikliktir. Güneşli ve neşeli bir mizacı olan bir kız, çok üzücü ayetler yazdı. Eşzamanlılık bölümleri "dönüşüm" yaratabilir çünkü kollektif bilinçaltından gelen "güç alanı" hem bilgiyi hem de enerjiyi içerir.

Kilise patlamasıyla kurtarılan koro şarkıcıları olayında eşzamanlılık.

Batı Yakası Baptist Kilisesi patlaması durumunda, eşzamanlılık çok daha belirgin bir dönüşüm yarattı. Aslında, bu durumda, eşzamanlılık gerçekliği "fiziksel olarak" dönüştürmüştür. Aslında, on beş şarkıcının gelişinde gecikmelere neden olan öngörülemeyen olaylar meydana geldi. .

Yine bu durumda gecikmelerin sebeplerini tek tek incelersek bunların önemsiz durumlar olduğunu görebiliriz. Hepsi, herhangi birinin başına gelebileceklere benziyor. Şekil 12 bunlardan bazılarını göstermektedir.

Bu gecikmelerin, ancak daha sonra olacak patlamayla hiçbir ilgisi yoktur. Şekil 11'de kilisenin patlaması, müzisyenlerin gecikmeleriyle herhangi bir nedensel ilişki olmaksızın kendi başına temsil edilmektedir.

	At 7.30 pm the singing tests must begin. At 7.27 the church explodes.	It is a trivial accident due to a gas leak.

Şekil 11. Koro şan provalarının başlangıcı 19.30 olarak planlanmıştır. Ancak akşam saat 227'de kilise patlar. Bu, gaz sızıntısı nedeniyle önemsiz bir kazadır. Dolayısıyla patlama, teknik bir kazanın bariz sonucundan başka bir şey değildir.

1	Pastor Walter Kiempel, his wife and daughter are delayed to iron a dress.	It's a simple delay as it can happen at all.
2	Harvey Ahl delays because he has to look after his two children.	It's a simple delay as it can happen at all.
3	Ladona Vandergrift, Royena Estes and Sadle Esh are delayed due to car problems.	It's a simple delay as it can happen at all.
4	Joyce Black delays because is afraid of Cold	It's a simple delay as it can happen at all.
5	All the other Choristas...... delay for trivial randomness	

Şekil 12. Şekil, müzisyenlerin bazı gecikmelerini göstermektedir. Bireysel olarak ele alınan her gecikme, önemsiz bir tesadüf olarak değerlendirilebilir.

1 Papaz Walter Kempel geç gelir, çünkü karısı bir elbiseyi ütülemek ister.

2 Harvey Ahl, iki çocuğuna bakmak zorunda olduğu için geç gelir.

3 Ladona Vandergrift ve arkadaşları, arabalarında mekanik sorunlar olduğu için geç gelir.

4 Joyce Black dış hava sıcaklığından dolayı geç gelir.

5 Tüm müzisyenler önemsiz nedenlerle erteler.

	Pastor Walter Kiempel, wife and daughter slow down.	Since all delay it is a SIGNIFICANT COINCIDENCE
	Harvey Ahl delays.	Since all delay it is a SIGNIFICANT COINCIDENCE
	Ladona Vandergrift, Royena Estes and Sadle Esh delay.	Since all delay it is a SIGNIFICANT COINCIDENCE
	Joyce Black delays.	Since all delay it is a SIGNIFICANT COINCIDENCE
	Herb Kipf and Aunt Ester delay.	Since all delay it is a SIGNIFICANT COINCIDENCE
	Dorothy Wood and Lucille Jones delay.	Since all delay it is a SIGNIFICANT COINCIDENCE
	Leonard Schuster delays.	Since all delay it is a SIGNIFICANT COINCIDENCE
	Mrs. Paul and her daughter Marylin are delaying.	Since all delay it is a SIGNIFICANT COINCIDENCE
	At 7.30 pm singing rehearsals must begin. At 7.27 pm a church explodes.	All these coincidences indicate that a synchronicity has occurred.

Şekil 13 Şan provaları saat 19.30'da yapılır. 19.27'de kilise patlar.

Tüm müzisyenler geç gelir. TÜM on beş kişinin gecikmesi kesinlikle olağanüstü bir olaydır. Bu nedenle, gecikmeler dizisi "önemli bir tesadüf" haline gelir.

Tesadüfün önemi, gecikmelerin hep birlikte tamamen alışılmadık bir şekilde meydana gelmesinden kaynaklanıyor. Gecikmelerin toplamı patlamadan kısa bir süre önce meydana geldiğinden ve on beş müzisyenin güvenliğini belirlediğinden, bunun "Carl Jung'un eşzamanlılığı" olduğu sonucuna vardık.

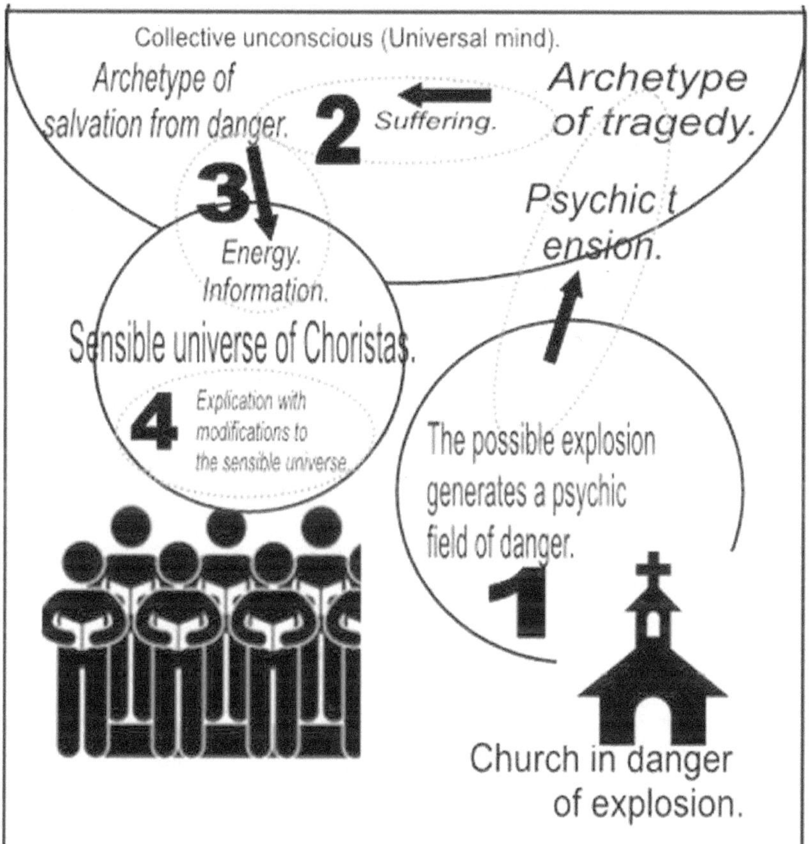

Hypothesis on the formation of synchronicity in the case of the fifteen choristers.

Şekil 14. Batı Yakası Baptist Kilisesi patlaması durumunda eşzamanlılığın oluşumuna ilişkin basitleştirilmiş hipotez.

1 Kilise patlamak üzere. Olası patlama "psişik bir tehlike alanı" oluşturur.

2 Kolektif bilinçaltında bir "acı" ortaya çıkar.

3 Kolektif bilinçaltında doğan "acı", müzisyenlerin kişisel bilinçaltına yönelik bir enerji ve bilgi akışı üretir.. 4 Enerji ve bilgi kollektif bilinçaltından akar ve koroların hassas evreninde "fiziksel dönüşüm" üretir. Bunların hepsi, görünüşte önemsiz gecikmelerin yaratılmasında gerçekleşir.

Bununla birlikte, on beş koronun hepsinin bir gecikme kaydettiğini düşünürsek (normalde hepsi zamanında olduğu için kesinlikle alışılmadık bir durumdur) bunun artık basit bir durum olmadığını anlarız.
Kilisenin patlamak üzere olduğu anda meydana gelen on beş gecikmenin tesadüfü önemli hale gelir ve şüphesiz bir eşzamanlılık olayını ortaya çıkarır. (Bkz. Şek. 13)
Ayrıca bu durumda, Şekil 14'te (tamamen açıklayıcı bir şekilde) eşzamanlılık olayının oluşumunu açıklayan pasajları yeniden oluşturabiliriz.

Nokta 1. Kilise patlamak üzere. Bu, kolektif bilinçaltında "trajedi arketipini" içeren bir "gerilim alanı" oluşturur.
Fiziksel gerçekliğimizde patlama henüz meydana gelmemiştir, ancak kollektif bilinçaltının fiziksel olmayan gerçekliğinde zaten mevcuttur. Aslında bu psişik gerçeklikte zaman ve mekânla ilgili hiçbir sınırlama yoktur.

Nokta 2. Kolektif bilinçaltında, "trajedi arketipi" bir "ıstırap alanı" oluşturur.

Nokta 3. Kollektif bilinçaltında, on beş koristin fiziksel evrenine doğru akan bir "güç alanı" vardır. Bu "kuvvet alanı" sadece bilgiyi değil, aynı zamanda enerjiyi de içerir. Aslında, tüm "psişik güç alanları" enerji ve bilgi içerir.

Nokta 4. "Psişik güç alanı", koroların fiziksel evreninde kendini gösterir ve gerçek durumlarının bazı dönüşümlerini üretir. Alan, her kişisel durumda, gecikmeye neden olan ve akşam olaylarını değiştiren bir "kazaya" neden olur.

Fiziksel evrenin bu dönüşümlerini gözlemlemek alışılmadık bir şey değil. Jung bu olayları "huysuz" olarak adlandırır. "Numinous" terimi, Jung tarafından "kutsal ama dini değil" anlamına gelir. Bu terim, "korku ve saygı" aşılamak gibi "kutsal bir aura ile çevrili" anlamına gelebilir.

Carl Jung'un eserlerinde alıntı yaptığı birkaç örneği hatırlayabiliriz. Bu örnekler, eşzamanlılık dönemleri sırasında meydana gelen gerçekliğin fiziksel dönüşümünü içerir.

Gerçek fiziksel olarak değiştiğinde.

"Bokböceği" adlı bölüm, kesinlikle Carl Jung'un yazılarında alıntı yaptığı dizinin bir klasiğidir. . Jung, 1952'de yayınlanan "Sıradan bağlantıların bir ilkesi olarak eşzamanlılık" adlı makalesinde olayı şu şekilde anlatır:

> "A young woman I was treating had, at a critical moment, a dream in which she was given a golden scarab. While she was telling me this dream, I sat with my back to the closed window. Suddenly I heard a noise behind me, like a gentle tapping. I turned round and saw a flying insect knocking against the window-pane from the outside. I opened the window and caught the creature in the air as it flew in. It was the nearest analogy to a golden scarab one finds in our

latitudes, a scarabaeid beetle, the common rose-chafer (Cetonia aurata), which, contrary to its usual habits had evidently felt the urge to get into a dark room at this particular moment. I must admit that nothing like it ever happened to me before or since."

"Genç bir hasta, tedavisinin belirleyici bir anında bir rüya gördü. Rüyada kadın hediye olarak altın bir bok böceği aldı. Kadın bana bu rüyayı anlatırken, ben kapalı pencereye sırtımla oturuyordum.
Birden, sanki pencereye bir şey hafifçe vuruyormuş gibi arkamda bir ses duydum. Döndüm ve dışarıdan pencereye çarpan kanatlı bir böcek gördüm.
Pencereyi açtım ve böceği yakaladım. Gül bitkilerinde yaşayan "altın böceği" ya da "Cetonia aurata" ya çok benziyordu.
Anlaşılan o anda böcek, alışkanlıklarının aksine karanlık bir odaya girmeye çalışmıştı. Böyle bir vakanın daha önce başıma hiç gelmediğini, benim de başıma gelmediğini ve sonra da olmadığını eklemeliyim. Benim deneyimimde kadının rüyası bile tekrarlanmıyor. "

Jung, denemesinin geri kalanında olayı psikoterapötik terimlerle açıklıyor ve bu olayın hastanın iyileşmesinde nasıl etkili olduğunu anlatıyor. Aslında, bokböceği klasik bir yeniden doğuş sembolüdür.

Başka bir vesileyle, 1945'te yazılan ve prof. J.B. Durham, ABD'den Ren, Carl Jung da benzer bir olayı anlatıyor.:

"I'm going to walk in the woods with a patient. She tells me the first dream of her life, a dream that left an indelible impression on her. He had a vision of a fox. He had dreamed of the animal as he walked down the stairs of her parents' house.
At that moment, not even forty meters from us, a fox comes out of the trees and runs for a couple of minutes on the path ahead of us. The animal behaves as if it shared our human condition ... "

"Hastam olan bir kadına eşlik ederek ormanda yürüyüşe çıkıyorum. Bu kadın bana hayatının ilk hayalini anlatıyor, çünkü bu rüya onun üzerinde silinmez bir izlenim bıraktı. Rüyada kadın, ebeveynlerinin evinin merdivenlerinden aşağı inen bir tilki görmüştü.
O anda, kırk metre kadar önümüzde, ağaçlardan bir tilki çıkar ve önümüzdeki yolda birkaç dakika sessizce koşar. Hayvan, insanlık durumumuzu paylaşıyormuş gibi davranıyor ..."

Kendimize birkaç soru sormamız gerekiyor:
- Kadın bir rüyada görülen bok böceğinden bahsettiğinde, orada "Cetonia aurata" pencere camına çarpmaya hazır mıydı?
- Kadın rüyasını anlatırken tilki Jung ve hastasının önünde ortaya çıkmaya hazır mıydı?

Her iki durumda da, bir rüya hikayesi, kadının ve Jung'un kendisinin fiziksel gerçekliğini değiştiren "psişik bir eşzamanlılık" yarattı.

Jung ve tedavi gören hastaları kesinlikle acayip anlar yaşıyorlardı. Anlatıya derinlemesine dalmışlardı ve görüşmenin bağlamı, hastaların gerçek zihinsel acılarıyla pekiştirildi.

Jung'un anlattığı durumlarda bu durum, eşzamanlılığa yol açabilecek bir "gerilim alanı" yaratmıştır.

Tilki ve Cetonia'nın sahnede doğru zamanda gerçekten var olup olmadığına gelince, çok cesur bir teori düşünebiliriz. Bu teori, her iki durumda da eşzamanlılığın sahneyi sonsuz olası evrenler arasından seçerek başka bir evrene taşıma gücüne sahip olduğunu savunuyor. Tilki ve Cetonia'nın gerçekten mevcut olduğu başka bir evren.

Gerçekliğin dönüşümünün bir aracı olarak eşzamanlılık.

Jung'a göre eşzamanlılık, kollektif bilinçdışında bulunan arketipler aracılığıyla işler. Daha önce Jung'un kolektif bilinçaltının, eski çağlardan beri dünyanın Ruhu olarak adlandırılan daha yüksek bir psişik gerçekliği tanımlamanın başka bir yolu olduğunu görmüştük. Bu sayfalarda onu evrensel zihin olarak da tanımladık.

Jung'un teorisini desteklemek için, "Dünyanın Ruhu" na atıfta bulunulabilen tüm "özlerin" dönüşümün taşıyıcıları olduğunu görebiliriz. İnsanın "Dünyanın Ruhu" ile olan her ilişkisi ya da ona her ne demek isterseniz, psişik düzeyde ve çoğu kez de fiziksel düzeyde bir değişiklik içerir.

Fiziksel dönüşüm. Dua ve şifa.

Fiziksel düzeydeki dönüşümün herkes tarafından anlaşılabilir bir örneğini sunmak için, hastaların iyileşmesini sağlamak için tanrılara hitap edilen dualara başvurabilirim. Ya da dualar, ekonomik ya da duygusal gibi diğer türden lütuflar elde etme eğilimindedir, bu uygulama çoğu zaman şaşırtıcı sonuçlar verir.

Her fiziksel şifa, zaman ve mekandaki birbiriyle bağlantısız iki olgudan kaynaklanan bir eşzamanlılık olarak düşünülebilir. İki gerçek, uzayda herhangi bir yerde bulunan birinin duası ve genellikle dünyanın başka bir yerinde bulunan bir başkasının şifasıdır Herhangi bir fiziksel şifanın, sağlıkta genellikle önemli olan bir gelişme içerdiği açıktır.

Kolektif bilinçaltı teorisine göre, eşzamanlılığı, bireysel vicdanların ifade ettiği arzular ile "lütufların" indiği "Dünyanın Ruhu" nun daha yüksek seviyesi arasında bir "köprü" olarak düşünebiliriz.

Açıktır ki, dünyanın Ruhunu "Tanrı" ile özdeşleştirenler için, lütuflar Tanrı'dan gelir, ancak teoloji bize, Tanrı'nın müdahalelerinde her zaman doğal araçları kullanmayı tercih ettiğini öğretir. Bu, doğaüstü araçlara başvurmadan, yaratılışta halihazırda mevcut olan olasılıkları kullanma meselesidir.

Bu bağlamda, papaz Marco deFelice'nin bir vaazından alınan, "Elçilerin İşleri" ne atıfta bulunan "Tanrı imkansız şeyler yapar" başlıklı bir pasajı okuyoruz. Papaz, Petrus'un Herod'un emriyle hapsedildiği hapishaneden salıverilmesini şöyle yorumluyor:

> "Suddenly an angel of the Lord appeared and a light shone in the cell. He struck Peter on the side and woke him up. "Quick, get up!" he said, and the chains fell off Peter's wrists" (Acts, 12:7).
> One thing that strikes me about this passage is that the angel tells Peter to hurry. Although God is omnipotent, and can do anything, Peter had to hurry. Certainly, God could have made the guards fall asleep, or even die, giving Peter time to go out calmly. But usually God does not miraculously do what can be done with the natural means that God has already provided".

"Ve işte, Rab'bin bir meleği geldi ve hücrede bir ışık parladı. Melek Petrus'un yanına dokundu, onu uyandırdı ve ona şöyle dedi:" Çabuk kalk! "Ve zincirler Petrus'un elinden düştü." (Elçilerin İşleri 12,7).

Bu parça hakkında beni etkileyen bir şey var. Melek, Peter'a acele etmesini söyler. Tanrı her şeye kadirdir ve her şeyi yapabilir, ancak Petrus'un acele etmesi gerekir. Elbette, eğer Tanrı isterse, muhafızları uyutabilirdi, böylece Petrus sakin bir şekilde dışarı çıkabilecekti. Ancak genellikle, Tanrı'nın zaten sağladığı doğal yollarla bir şeyler yapılabildiğinde, Tanrı mucizeler yaratmaz."

Sonuçta, bir kişi şifa istemek için imana döndüğünde, her inanç bakanı o kişiye önce iyi bir doktora danışmasını tavsiye eder.

Açıktır ki, fiziksel şifalar, bir eşzamanlılık olayı tarafından üretilen fiziksel gerçekliğin tek dönüşümü değildir. Daha önceki birçok durumda açıklandığı gibi, hassas evrenin modifikasyonlarında eşzamanlılığın mümkün kıldığı hiçbir sınırlama yoktur. Bunların arasına, telekinezinin, yani katı maddenin zihinsel yönetişiminin tüm fenomenlerini kesinlikle dahil edebiliriz.

"Arzu" ve "niyet".

Bu nedenle, eşzamanlılık çoğu zaman insan ihtiyaçlarının olumlu çözümü için bir yardımı temsil eder. Örneğin, bir eşzamanlılık, hasta bir kişinin iyileşme arzusunu yerine getirebilir.

"Arzu" kavramını ifade etmek için daha kesin bir kelime "niyet" tir. "Niyet", Jung tarafından kullanılan bir kavramdır. Daha yakın zamanlarda, Deepak Chopra bu kavramı kitaplarında kullanıyor.

Chopra'ya göre, evrendeki her aktivite niyetle üretilir. Vedik gelenekte niyet "doğal bir güçtür" çünkü evrenin gelişmesine izin veren tüm unsurları ve güçleri dengede tutar.

MÖ 9.-8. yüzyıldan itibaren Sanskritçe yazılmış Hint dini ve felsefi metinleri olan Vedalar'ın on dört "Upanisads" ında şöyle der:

"You are what your deep, driving desire is.
As your desire is,
so is your will.
As your will is,
so is your deed.
As your deed is,
so is your destiny".
(Brhadaranyaka Upanisad, IV, 4,5)

"En derin arzun sensin.
Arzunuz nasılsa, niyetiniz de öyle.
Niyetiniz olduğu gibi, iradeniz de.
İsteğin gibi, eylemlerin de öyle.
Eylemleriniz gibi kaderin de öyle ".
(Brhadaranyaka Upanisad, IV, 4,5)

Neden her zaman olmuyor?

Birçoğu laboratuvarda "psişik eşzamanlılık" fenomenini bilimsel yöntemlerle incelemeye çalıştı, ancak bu fenomenin her zaman anlaşılması zor olduğu ortaya çıktı.

Bir laboratuvar onayı, belirli koşullar verildiğinde, fenomenin alışkanlıkla meydana geldiğini, yani, öngörülebilir istatistiksel ortalamadan daha yüksek bir başarı oranıyla tekrar tekrar üretilebileceğini öngörür.

Şekil 15. Sonuçların istatistiksel bir değerlendirmesi yazı tura atılarak elde edilebilir. Madeni parayı çok sayıda atarak, madalyonun iki yüzünün her biri vakaların% 50'sinde görünmelidir.

Bir örnek öneriyorum. Ve eğer parayı havaya atarsam, sonuç "yukarı veya aşağı" olabilir. Bu yüzden havaya bir bozuk para atıyorum ve sonucu tahmin etmeye çalışıyorum. Tabii ki, bir istatistiği derlemek için bir madeni paranın birçok kez çevrilmesi gerekir.

Madeni parayı defalarca, diyelim 10.000 kez havaya atarsam, istatistik bana sonucu kaç kez tahmin edebileceğimi söyler. İstatistiksel olarak, zamanın %50'sini tahmin edebiliyorum, bu 5.000 kez.

Öte yandan, sonucu tam olarak 6.000 kez tahmin edebiliyorsam, belirli bir psişik yeteneğe sahip olabileceğimi varsayıyorum. Açıklanamayan nedenlerden dolayı, sonuçları önceden biliyorum. Onları istatistiksel ortalamadan daha fazla tanıyorum.

10.000 defadan 9.000 defa yazı tura atma sonucunu görürsem, özel güçlerim olduğuna eminim.

Diyelim ki sonucu 10.000 üzerinden 10.000 kez tahmin ettim. Bu durumda herkes geleceği tahmin etme gücüne sahip olduğumdan emin olacak.

Elbette ortodoks bilim adamları gizli bir hile olduğunu söyleyeceklerdir çünkü geleceği bu şekilde tahmin etmenin imkanı yoktur.

Duygusal katılım.

"Psişik eşzamanlılığın" her zaman oluşmamasının temel nedeni, bir ön koşulun olmamasına bağlıdır.

Bu duruma "iç kargaşa" denir. Duygusal katılım gereklidir. Jung, "Zuneigung" adlı bir bileşene ihtiyaç olduğunu belirtir.

"Eşzamanlılık" atakları daha çok hayatımızın en kritik anlarında kendini gösterir. Normalde vicdanımız ruhsal durumumuzu kontrol altında tutar. Psişemizin bilinçli kısmı, "bireysel bilinçaltımızın" irademizin kontrolünü ele geçirmesini istemez.

Diyelim ki normalde karanlıkta atlamak istemiyoruz. Bu nedenle bilincimiz, "kişisel bilinçaltımız" ve "kolektif bilinçaltımız"dan gelen tüm dürtüleri sınırlar veya filtreler. Genellikle bu dürtüler sembolik veya mantıksızdır ve vicdanımız onları reddeder.

Ancak bazen hayatta zor anlar vardır. Bu durumlarda şaşırırız, çoğu zaman şok oluruz. Bu zorluklar vicdanımızı kontrol etme yeteneğimizi zayıflatır. Olaylar çok acil hale geldiğinde kadere teslim olma eğilimindeyiz. Jung, bu durumlarda "psişik duygulanım"ın "akıl"dan üstün olduğuna dikkat çeker:

> "Each emotional state causes a modification of the conscience, modification which Pierre Janet defined as "abaissement due nivea mentale": which means that a certain shrinking of the subconscious takes place and at the same time a strenghtening of the conscience, as many profanes in the subject can easily note, especially in the presence of intense beloved ones. The tone of the subconscious increases to a certain measure, which easily provokes a gradient from the subconscious to the conscience. As a consequence, the conscience falls under the influence of impulses and instictive contained contents".

"Her duygusal durum, bilincin değişmesine neden olur. Pierre Janet bu değişikliğe "abaissement du niveau mental" adını verdi.

Bu, bilinçte belirli bir daralma olduğu ve aynı zamanda bilinçaltının güçlendiği anlamına gelir. Herkes bunun, özellikle yoğun "etkilerin" varlığında gerçekleştiğini fark edebilir. Sonuç olarak, bilinç, içgüdüsel bilinçaltı dürtülerin alanına girer "".

Eşzamanlılıklar, duygusal katılım olduğunda ortaya çıkar. Bu, telepati gibi duyu dışı fenomenlerin, arkadaşlık veya akrabalık yoluyla bağlantılı insanlar arasında daha sık görülmesiyle doğrulanır. Maksimum, anneler ve çocuklar arasındaki ilişkilerde not edilir.

Zayıf sinyal teorisi.

Daha önce, Lisa Gannan'ın neden bir önsezi aldığını ve diğer kurbanların almadığını merak ediyorduk. Muhtemelen diğerlerinin de sinyal aldığını, ancak onları tanımadıklarını söyledik.

Parapsikolojide "zayıf sinyal teorisi"ne atıfta bulunulur. Sinyalin kaynağı ile "psişik alıcı aygıtımız" arasında muhtemelen bir uyum yoktur.

Bir radyo cihazının ayarını ayarlayarak bilinmeyen yayın istasyonlarını alabileceğimizi hepimiz biliyoruz. Aynı şey bilincimizde de olur. Dalga boylarını nasıl ayarlayacağımızı bilseydik, birçok "bilgi istasyonuna" bağlanabilirdik.

Dördüncü bölüm. Kuvvet alanları. Yerel olmama düzeyi. Psişik kozmos.

"I know not what I may seem to the world, but as to myself, I seem to have been only like a boy playing on the sea-shore and diverting myself in now and then finding a smoother pebble or a prettier shell than ordinary, whilst the great ocean of truth lay all undiscovered before me".
(Isaac Newton, Principia)

"Endişelendiğim kadarıyla, sahilde oynayan bir adam gibi hissediyorum. Zaman zaman her zamankinden daha güzel bir taş veya kabuk buluyorum. Ne yazık ki, bu olurken, büyük hakikat okyanusu önümde bilinmezliğini koruyor."
(Isaac Newton, Principia)

Madde, zihin ve ruh.

Her insan, varlığını şartlandıran bir dünyada yaşadığının farkındadır. Her insan, er ya da geç, bu dünyadaki varlığının sebebinin ne olduğunu merak eder.

neden varım? Burada ne yapıyorum? Hayatın mizahi ya da trajik büyük oyununa nasıl katılırım?

Bu soruları cevaplamak kolay değil. Bir başlangıç noktası seçebiliriz. Bir yöntem, varlığımızın geliştiği üç seviyeyi yapılandırmaktan ibarettir. Hepimizin bildiği fiziksel seviyeye ek olarak, kuantum seviyesini ve sözde "yerel olmayan" seviyeyi de değerlendirmeliyiz.

Varoluşun fiziksel seviyesi.

Fiziksel seviye, katı maddenin seviyesidir. Bu, günlük deneyimimizin tipik seviyesidir, yani gördüğümüz şekliyle dünyanın ve onu duyularımızla nasıl deneyimlediğimizdir.

Fiziksel düzeyde kendimizi güvende hissederiz, çünkü tüm "şeylerin" bir ağırlığı ve boyutu, başlangıcı ve sonu, öncesi ve sonrası vardır. Her şeyin zaman ve uzayda kesin bir konumu vardır.

Deneyimlerimizle ilgili tüm fenomenler fiziksel seviyenin bir parçasıdır. Örneğin gece ve gündüz, iyi ve kötü hava, her "şey"in doğumu ve ölümü, mevsimlerin değişmesi, açlık, susuzluk, acı ve zevk gibi fiziksel duyumlar.

Fiziksel dünya "mekanik"tir. Fiziksel dünyada her şey "determinizm" yasalarına bağlıdır. Her şey bir sebep için olur ve bir sonuç üretir. Olaylar birbirini takip eder.

Oluşturulan olaylar tahmin edilebilir ve ölçülebilir davranışlara sahiptir. Buna karşılık, başka öngörülebilir ve ölçülebilir olaylar üretirler.

1977'de Amerika Birleşik Devletleri, dış güneş sistemini keşfetmek için iki "Voyager" sondası başlattı. "Voyager 2" uzay aracı Jüpiter, Satürn, Uranüs ve Neptün'ü gözlemleyebildi.

Her bir gezegenin yanından geçen sonda, bir sonraki gezegene yolculuğuna devam etmek için o gezegenin yerçekiminden gelen ivmeyi aldı.

Bunun nedeni, dünyadaki bilim adamlarının çeşitli gezegenlerin yerçekimi kuvvetini tam olarak nasıl hesaplayacaklarını bilmeleriydi.

Bu şekilde, sonraki varış noktalarına yolculuğa devam etmek için gerekli olan itme kuvvetlerini tam olarak hesaplamak mümkün oldu.

1950'de matematikçi Alan Turing, "Computing Machinery and Intelligence" adlı kitabında şunları yazdı":

> "The displacement of a single electron by a billionth of a centimeter at a given moment, it could mean the difference between two very different events, such as the killing of a man a year after, due to an avalanche, or its salvation".

> *"Belirli bir anda tek bir elektronun santimetrenin milyarda biri kadar hareket ettiğini düşünelim. Bu, çok farklı iki olay arasındaki fark anlamına gelebilir. Örneğin,*

bir sonraki yıl çığ nedeniyle bir adamın ölümü anlamına gelebilir. Ya da kurtuluşu anlamına gelebilir."

Halının üzerine dizilmiş bir dizi bilardo topu olan bir bilardo masası düşünelim. (Bkz. şekil 16). Fiziksel seviyemizde, başka bir katı nesne tarafından itilmedikçe hiçbir topun hareket etmeyeceğinden kesinlikle eminiz.

Şekilde, B topu, A topu tarafından vuruluncaya kadar sabit kalacaktır. A topunun gücünü ve yörüngesini ve diğer topların ağırlığını bilerek, B topunun hareket edeceği kuvveti mutlak kesinlikle hesaplayabiliriz.

Yolunun uzunluğunu ve yönünü bileceğiz.

Bu hesaplamalar güçlü bilgisayarlar gerektirmez. Her iyi bilardo oyuncusu bu hesaplamaları herhangi bir teknolojik desteğe ihtiyaç duymadan yapabilir. Bu, fiziksel evrenimize mükemmel bir şekilde adapte olduğumuz anlamına gelir.

1972'de etolog Edward Lorentz bir konferans verdi: "Brezilya'da bir kelebek kanatlarını hareket ettirirse, Teksas'ta bir kasırgaya neden olabilir mi?"

Her şeyin tartılabildiği, ölçülebildiği ve hesaplanabildiği günümüz bilim dünyasında cevap "evet" olacaktır. Evrenimizin yalnızca maddeden oluştuğunu ve zamanın yalnızca ileriye doğru aktığı bir boyuta yerleştirildiğini varsayıyoruz. Bu nedenle, yeterince güçlü bilgisayarlarımız olsaydı, Teksas kasırgasının gücünü hesaplayabilirdik.

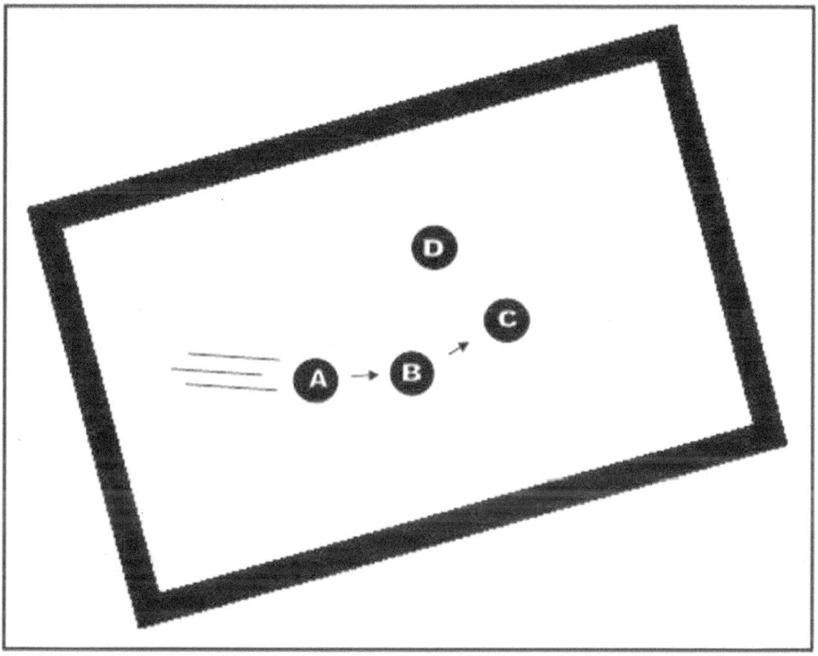

Şekil 16. Bilardo masasında, bir kuvvet uygulanmadıkça hiçbir top hareket etmez. Bu olduğunda, gücü ve yönü aldığı itme ile orantılıdır.

kuantum seviyesi.

Bu düzeyde hiçbir "şey"in görünür bir özü yoktur, yani gerçeklik beş duyu ile algılanamaz. Dokunmamızla kuantum seviyesinin gerçekliğine dokunamayız. Aynı şekilde, tutarlılığını "test edemeyiz". Aynı şekilde biz de bu gerçeği göremiyoruz, koklayamıyor ve tadına bakamıyoruz.

Ayrıca, kuantum dünyası, kendimizin tüm maddi olmayan parçalarını içeren bir "fiziksel olmayan alana" sahiptir. Bu, düşüncelerimizle, umutlarımızla, arzularımızla ilgili kısımdır. Bütün bunlar "Ego"muzu ve "Benliğimizi" oluşturur. (Bkz. şekil 17)

Ego, kendimizle olan ilişkimizde kendimizi temsil eder. Benlik, bizi çevreleyen tüm gerçeklikle ilişki içinde kendimizi temsil eder. "Benliğimizi", ne olduğumuzu açıklamak için atıfta bulunduğumuz öğeler kümesinden oluşur.

Düşüncelerimizin ve duygularımızın, bizi başkalarına bağlayan manevi ilişkilerimizin ve hırslarımızın "sağlam" olmadığını biliriz, onları parmaklarımızda tutamayız.

Buna rağmen, var olduklarından şüphe duymuyoruz. Yine de katı madde, kuantum seviyesinde yer alan enerji ve bilgi tarafından canlandırılmasaydı "olamaz”.

Şekil 17. Ego, kesinlikle kişisel alanımızı temsil eder. Ego içe dönüktür. Dışa dönük Benlik, bizi çevreleyen evrenle ilgili olarak kendimizin bütününü temsil eder.

Şekil 18. En büyüğünden en küçüğüne kadar her sistem, alt sistemlerden oluşur. Parçacık fiziğinde, yani sonsuz küçükte bilim, bölünmenin son düzeyine ulaştığından emin değildir.

Aslında, Einstein'ın $E = mc^2$ denklemine göre maddenin kendisi enerjidir.

Bu denklem, enerjinin, ışık hızının karesiyle çarpılan kütleye eşit olduğunu gösterir.

Karşılıklı olarak, enerji kütle olduğu gibi, kütle de enerjidir diyebiliriz. Gerçekte, evrendeki tüm madde, büyük bir enerji patlaması olan ilk "Büyük Patlama"dan gelir.

Kütleyi gördüğümüz halde enerjiyi görmediğimiz için kütlenin daha önemli olduğuna inanmaya alışığız. Gerçekte, tek başına kütleden oluşan bir evren işlev göremez, çünkü kütlenin kendisi durağandır.

Bilardo örneğinde gördüğümüz gibi, kütle (top) ancak bir itme enerjisi alırsa hareket edebilir.

Aynı zamanda enerjinin kendini ifade edebilmesi için kütleye ihtiyacı olduğunu söyleyebiliriz. Enerji, potansiyelini ortaya çıkarmak için katı maddenin işbirliğine ihtiyaç duyar.

Evren sonsuz büyükten sonsuz küçüğüne kadar değişir. Hassas dünyamız, çok küçük veya çok büyük "şeyler" halinde toplanan maddelerden oluşur. Her "nesne", alt sistemlerden, yani daha küçük "nesnelerden" oluşan karmaşık bir sistemi temsil eder. (Bkz. şekil 18).

- Evren, alt sistemlerden, galaksilerden oluşan bir sistemdir.
- Galaksiler yıldızlardan ve gezegenlerden oluşur.
- Gezegenler kayalar, su, mineraller ve canlılardan oluşur.
- Canlılar organlardan (deri, kemik, bağırsak vb.) oluşur.

- Organlar hücrelerden oluşur.
- Hücreler moleküllerden oluşur.
- Moleküller atomlardan oluşur.
- Atomlar proton, nötron ve elektronlardan oluşur.

Pozitivist bilim, kümelenme derecesi ne olursa olsun maddenin fizik yasalarına tabi olduğunu belirtir. Maddenin çeşitli parçaları, enerji ve bilgi ileten fiziksel aracıları kullanarak birbirleriyle iletişim kurabilir. Bu aktarma araçlarının gücü, mesafe arttıkça zayıflar. Ayrıca, katı madde sadece ileriye doğru hareket eden zamanın geçişine tabidir.

Katı madde hareket ettiğinde ışık hızını aşamaz. Fiziksel aracılar aracılığıyla yayılan bilgi bile bu hızı aşamaz.

Bir hücre başka bir hücreye bilgi gönderirse, bu bilginin hedefine ulaşması biraz zaman alacaktır. Hızı saniyede 300.000 km sınırını aşamaz.

Bir atomdan daha küçük nesneler söz konusu olduğunda, elektronlardan başlayarak işler değişir.

Bir atomu parçalayarak "temel parçacıkları" buluruz. Şu an için iki tür biliyoruz.

- "Madde parçacıkları", yani "fermiyonlar". Bunlar kuarklar, elektronlar ve nötrinolardır. Hepsi kütle ile donatılmıştır.
- "Kuvvet parçacıkları", yani bozonlar. Bu parçacıklar doğada var olan temel kuvvetlerin taşıyıcılarıdır.

Bozonları iki gruba ayırabiliriz:

- Kütlesiz fotonlar ve gluonlar.
- Kütlesi olan W ve Z bozonları.

Temel parçacıklar düzeyinde, katı maddeyi yöneten tüm fiziksel yasalar geçersizdir.

Bu seviyede, "kuantum dolaşıklığı" denen olgudan bahsederken göreceğimiz gibi, çok garip davranışlara tanık olabiliriz.

Aslında, temel parçacıkların gerçekten "parçacıklar" mı, yoksa "titreşimler" mi olduğunu belirlemek bile mümkün değildir.

Örnek vermek gerekirse, bir göletin suyuna bir taş attığımızı düşünelim. Taş bir parçacığa benzer. Su üzerinde oluşan dalgalanmalar bir dalgadır, yani bir "titreşim"dir. Işık, ses ve müzik de titreşen dalgalara örnektir.

Sonuç basit: okuduğunuz kitap elinizde sağlam ve tutarlı hissediyor. Aslında, ona makroskopik fiziksel dünyanın gerçekliğini görmek için tasarlanmış gözlerinizle bakıyorsunuz.

Öte yandan, gözleriniz kuantum dünyasını görme yeteneğine sahip olsaydı, kitap size bir titreşimler yumağı olarak görünürdü. Her harf sayfadaki yerine sığmaz, sonsuz olasılık konumlarında olabilir. Bu kitap, titreşimlerden oluşan bir evrende dans eden "hiçlik" olacaktır. Muhtemelen bunun bir kitap olduğunu anlamazsınız.

Nietsche'nin dediği gibi, "Müzik dinleyemeyenler, dans edenleri deli sanırlardı." Ne yazık ki kulaklarımız, parçacıkları dans ettiren müziği algılayacak şekilde tasarlanmamıştır. (Bkz. şekil 19).

Kuantum düzeyindeki dünya nesnelerden oluşmaz. Kuantum gerçekliği bilgi ve enerjiden oluşur.

Şekil 19. Temel parçacıklar, kulaklarımızın anlayamadığı enstrümanların sesiyle dans eder.

Neyse ki, hayatta kalma ihtiyaçlarımız için gözlerimiz gerçeği kuantum seviyesinde değil, fiziksel seviyede görüyor. Bu, kuantum gerçekliğinin var olmadığı anlamına gelmez. Sadece orada değil, varlığının da üzerimizde olağanüstü etkileri var.

Biz kendimiz temel parçacıklardan yapılmışız. Biz bir enerji ve bilgi karışımıyız.

Kuantum düzeyinde uzay ve zaman sınırlaması yoktur. Biz titreşimleriz ve tüm evrenin titreşimleriyle birlikte dans ederiz. Enerjimiz, evrenin tüm enerjisini paylaşır ve paylaşır.

Özellikle enerjimiz, etrafımızda titreşen enerjinin "niyetlerine" katılır. Nedenini bilmeden bazı durumlarda kendimizi rahatsız hissetmemiz kaç kez oldu? Belki daha sonra orada bulunan diğer insanların nefret duygularıyla bölündüğünü öğrendik

Nietsche'nin dediği gibi, "Müzik dinleyemeyenler, dans edenleri deli sanırlardı." Ne yazık ki kulaklarımız, parçacıkları dans ettiren müziği algılayacak şekilde tasarlanmamıştır. (Bkz. şekil 19).

Kuantum düzeyindeki dünya nesnelerden oluşmaz. Kuantum gerçekliği bilgi ve enerjiden oluşur.

Neyse ki, hayatta kalma ihtiyaçlarımız için gözlerimiz gerçeği kuantum seviyesinde değil, fiziksel seviyede görüyor. Bu, kuantum gerçekliğinin var olmadığı anlamına gelmez. Sadece orada değil, varlığının da üzerimizde olağanüstü etkileri var.

Biz kendimiz temel parçacıklardan yapılmışız. Biz bir enerji ve bilgi karışımıyız.

Kuantum düzeyinde uzay ve zaman sınırlaması yoktur. Biz titreşimleriz ve tüm evrenin titreşimleriyle birlikte dans ederiz. Enerjimiz, evrenin tüm enerjisini paylaşır ve paylaşır.

Özellikle enerjimiz, etrafımızda titreşen enerjinin "niyetlerine" katılır. Nedenini bilmeden bazı durumlarda kendimizi rahatsız hissetmemiz kaç kez oldu? Belki daha sonra orada bulunan diğer insanların nefret duygularıyla bölündüğünü öğrendik.

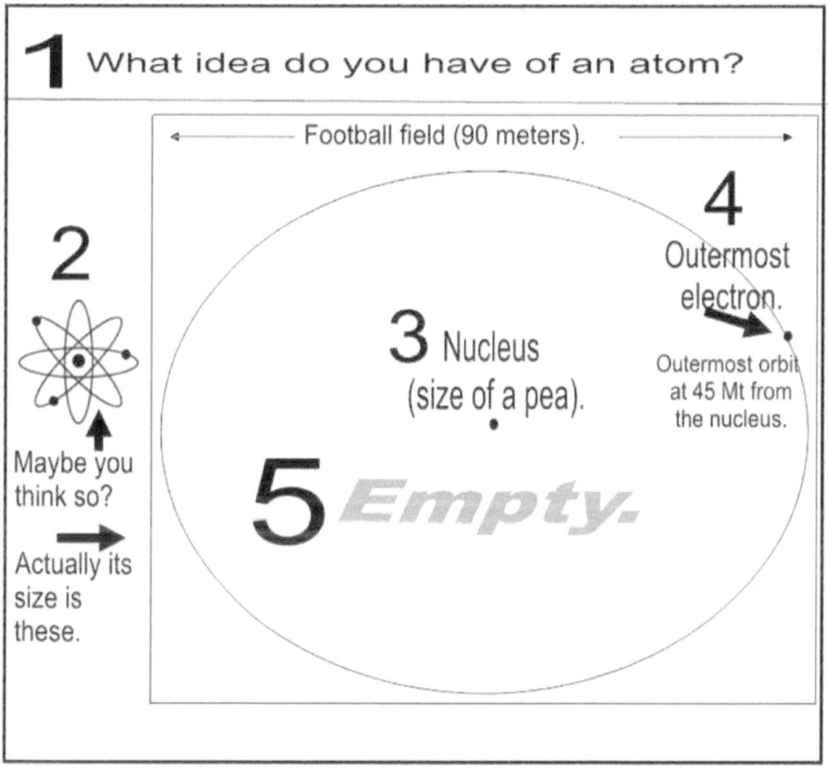
1 What idea do you have of an atom?
Football field (90 meters).
2
Maybe you think so?
Actually its size is these.
3 Nucleus (size of a pea).
4
Outermost electron.
Outermost orbit at 45 Mt from the nucleus.
5 Empty.

Şekil 20. Bir atomun çekirdeğinin fasulye büyüklüğünde olduğunu hayal edin. Çekirdeği bir futbol sahasının ortasına yerleştirelim. Atomun en dıştaki elektronu, alanın kenarında bulunan bir yörüngede dönecektir. Bir toz zerresinden sonsuz derecede küçük olurdu. Elektronlar ve çekirdek arasında "vakum"dan oluşan devasa boşluklar vardır.

1 - Onun bir atom olduğunu nasıl hayal ediyorsunuz?

2 - Belki bir çekirdek etrafında dönen bilyeler şeklinde görüyorsunuzdur. Bu temsil yanlıştır.

3 - Futbol sahası büyüklüğünde bir boşluk hayal edin Atom çekirdeği, fasulye büyüklüğünde, alanın merkezindedir.

4 - En dıştaki elektron, alanın uç sınırlarında döner.

5 - Diğer her şey... "BOŞ".

Bazen, bir toplantıda, "gerilim çok yüksekti" türünden hislerimiz olduysa, bunun nedeni, girdiğimiz "negatif alan" bilgisinin "bireysel bilinç alanımızı" etkilemesiydi. Kuantum seviyesinde, titreşimlerimiz çevreleyen gerçekliklerinkilerle birleşir. Nasıl yaptıklarını anlamak için bir atom hayal etmeye çalışalım. Tamamen atomlardan oluştuğumuzu unutmayın.

Bir atomun büyüklüğü hakkında ne düşünüyorsun? Elbette çok küçük olduğunu biliyordunuz, ancak şekil 20'de açıklandığı gibi onun da çok boş olduğunu hayal ettiniz mi?

Gerçeklikten çok daha büyük bir çekirdeğe sahip bir atom düşünelim. Hayali atomumuz bir fasulye büyüklüğündedir. Atomu, bilindiği gibi 90 metre uzunluğunda bir futbol sahasının ortasına koyalım.

Atomumuz ortalama bir elektron miktarına sahip olabilir, diyelim ki 10.

Atomumuzun en dıştaki elektronu alanın kenarında dönecek ve bir toz zerreciğinden sonsuz derecede küçük olacaktır. Diğer dokuz elektron, diğer tozlu taneler gibi, başka pozisyonlarda dönecekti. Bir futbol sahası büyüklüğündeki bu atomun fiziksel uzayında, tüm maddeler bir fasulye ve on tane tozdan oluşacaktı. Diğer her şey çok büyük olurdu ... BOŞ. Bütün atomlar böyledir. Yine de bize sağlam görünüyorlar.

Bunu göz önünde bulundurarak, katı bir cisme dokunduğumuzda ne olduğunu anlayabiliriz. İzlenimimiz, nesnenin daha fazla veya daha az "sertliğe" sahip olduğu, yani bizim dokunuşumuza direndiğidir.

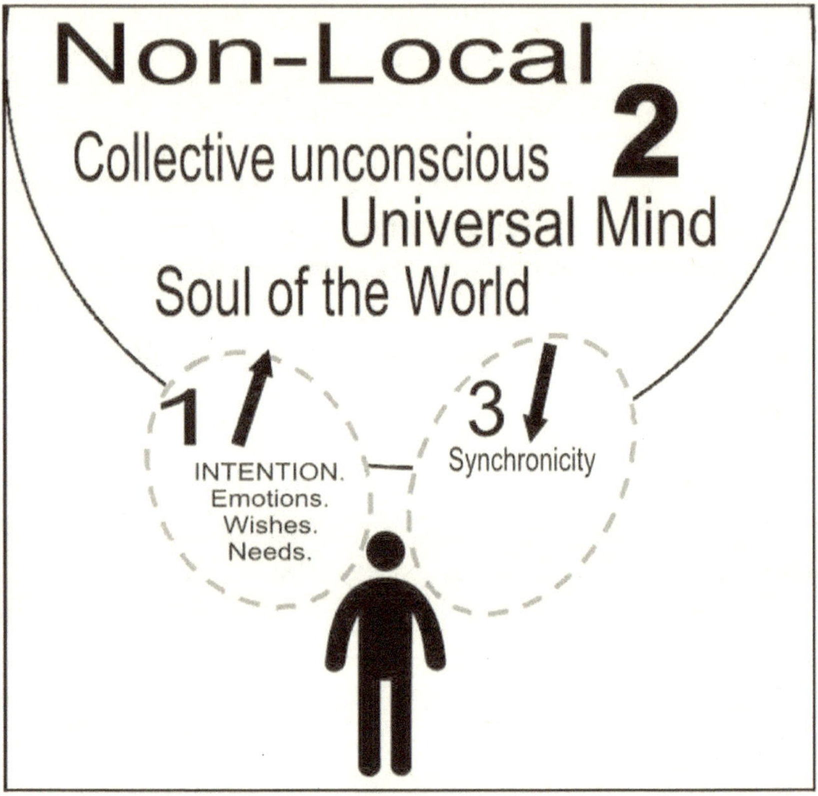
Non-Local
2
Collective unconscious
Universal Mind
Soul of the World
1
INTENTION.
Emotions.
Wishes.
Needs.
3
Synchronicity

Şekil 21. Yerel olmayan düzey, çalışmalara ve kültürlere bağlı olarak birçok şekilde tanımlanabilir. Bu seviye, evrenin tüm enerjisini ve tüm bilgilerini içerir. Yerel olmayan düzeyde var olan bilgiyi oluşturmaya kendimiz katılıyoruz.

1. Her biyolojik varlığın niyetleri ve duyguları "kolektif bilinçaltında" birleşir.
2 "Kolektif bilinçaltında" insanlığın tüm deneyimleri yerini bulur.
3 "İlkel psişik öğeler" veya "arketipler" biçiminde hayal edilen insanlığın deneyimleri, "psişik eşzamanlılıklar" biçiminde bireylerin bilinçaltına doğru akar.

Bunun yerine, bu sadece bizim duygumuz. Aslında vücudumuzun atomları ile nesnenin atomları birbirine karışır. Aynı şekilde, gökyüzünde çarpışan iki bulut birbirine karışabilir veya yakındaki iki bacadan iki duman çıkabilir.

Karışım birleşme ve değiş tokuş üretir. Vücudumuzdaki atomların titreşimleri ve bilgileri, dokunduğumuz nesnenin gövdesine yayılır ve bunun tersi de geçerlidir.

Kuantum düzeyinde, etrafımızdaki nesnelerle aramızda sürekli bir bilgi ve enerji alışverişi vardır.

Kuantum düzeyinde artık bireysellik yoktur. Her şey "bir"dir ve her şey "bütün"ü paylaşır.

Yerel olmayan seviye.

Üçüncü varoluş düzeyi, yerel olmayanlar diyarıdır. Bu seviyede ne zaman ne de mekan vardır. Bu seviyeye yerel olmayan denir çünkü hiçbir yere yerleştirilemez.

O ne gökte ne de yerdedir: o bizim içimizde değildir ve bizim dışımızda da değildir. O sadece "kendinde var olur".

Jung'un "kolektif bilinçaltı" ile karşılaştırabileceğimiz sanal bir alemdir. "Yerel olmayan" düzeyde, evreni oluşturan tüm bilgi ve enerji yaşar..

Şekil 22. Yerel olmayan düzeyde mekan ve zaman sınırı yoktur. Gerçeklik, fiziksel düzeye egemen olan "nedensellik yasaları"na bağlı değildir.

Bu seviye, saf potansiyelin bir "alanıdır". Tüm evreni yöneten yerdir, çünkü tüm evreni bilir. (Bkz. şekil 21). Evrende "yerel olmayan" aleminde olmayan hiçbir bilgi veya kuvvet yoktur.

Bu nedenle, "yerel olmayan" düzey, "proje"yi ve evrenin tüm zekasını içerir. "Yerel olmayan" düzey tüm evreni düzenler ve yönetir, fiziksel dünyayı şekillendiren enerjiyi yaratır ve dağıtır.

Bu projeye nasıl katılıyoruz?

Titreşimlerini oluşturan enerjiler, kuvvet alanları, "Yerel olmayank" seviyesinin ayrılmaz bir parçasıdır.

Evrenin enerjilerinin yaratılmasına ve dağıtılmasına katılırlar. Biz özne değiliz, yerel olmayan gerçekliğin kurucularıyız.

Yerel olmayan gerçeklik üzerine çok fazla gözlem yapamayız. Bu konuda birkaç kitap yayınlamış bir bilim adamı olan Larry Dossey'den bahsetmek faydalı olabilir.

Dr. Dossey'e göre, yerel olmama düzeyi üç özellik ile tanımlanabilir.

Öncelikle "Yerel olmayan" olaylarda meydana gelen olaylar üçüncü unsurlardan etkilenmez. Bu, nedensellikle bağlantılı olmadıkları, ancak her olayın diğerlerinden bağımsız olduğu anlamına gelir. Bununla birlikte, olaylar, bir eşzamanlılığın parçası olan olaylar gibi, birbirleriyle bağlantı kurabilir ve koordine edebilir.

Ayrıca, olaylar mesafe nedeniyle "zayıflatılmaz" ve "anlıktır". Fiziksel düzeyde olanın tersine, olayların gücü her mesafede aynı kalır (azalmaz). Mukavemet ne mekanın etkisiyle ne de zamanın etkisiyle azalmaz.

İki kişi arasındaki bir konuşmayı hayal edebiliriz. Binlerce yıl önce Afrika'da bir kişi yaşıyordu. Diğer kişi bugün Kuzey Kutbu'nda yaşıyor.

Röportaj, zaman ve mekanda hem komşularmış gibi gerçekleşir.. Kendi aralarında sessizce konuşurlar. Ses uzayda seyahat etmemelidir. Her şey sonsuz bir "şimdi, birlikte" olur. (Bkz. şekil 22).

Bütün bunlar bizim için nasıl faydalı olabilir? Elbette, duyu dışı algılar gibi birçok fenomeni anlamamıza yardımcı olabilir. Bu fenomenler materyalist bilim tarafından imkansız olarak değerlendirilir. Yine de bu fenomenler kuantum düzeyinde mümkündür. Yerel olmayan düzeyde daha da olasıdırlar.

Kuvvet alanları.

Jung'un "eşzamanlılığı" birbiriyle hiçbir nedensel bağlantısı olmayan olaylara dayanır. Bir "eşzamanlılık" oluşturan olayların her birinin diğerleriyle nedensel bir ilişkisi yoktur. Bu olayları birleştiren tek şey, gözlemci için yükledikleri "anlam"dır.

Sonuç olarak, "Carl Jung'un eşzamanlılığı" modern bilim alanının dışında kalmaktadır. Aslında şu anda bilim sadece aralarında ilişki olan, yani sebep/sonuç ilkesine dayanan olaylarla ilgilenmektedir.

Diğer bilim adamları, evrende nedenselliğe dayalı olanlar dışında başka bağlantı biçimlerinin varlığının olasılığını öne sürmüşlerse de, fikirleri sözde bilimsel olarak reddedilmiş ve dikkate alınmamıştır.

"Âge des Lumières" çağının başlangıcından önce, gerçekliğin parçalarını fiziksel olmayan bağlarla birleştirmek için yararlı olan yakınlık, uyum ve sempati kavramlarına büyük önem verildi.

"Âge des Lumières"in ortaya çıkışıyla, bu ilişkiler, görünmez bağların ve kuvvetlerin gerçekten var olduğu anlaşılıncaya kadar tamamen göz ardı edildi.

En önemli keşif, yerçekimi kuvvetinin uyguladığı çekimdi. Başına düşen elmayla ilgili ünlü fıkranın bir sonucu olarak Newton, dinamiklerin üç yasasını detaylandırdı.

Birinci yasaya göre, bir cisim yörüngesini değiştiren bir kuvvet müdahale edene kadar sabit kalır veya doğrusal bir şekilde hareket eder. Bu kuvvet yerçekimidir.

Örneğin, Ay, Dünya'nın uyguladığı yerçekimi kuvvetiyle yörüngesinde tutulmasaydı uzayda kaybolurdu. Aynı şey, güneşin yerçekimi etkisine maruz kalmasaydı, dünyaya da olurdu.

Yerçekiminden sonra sıra manyetizmaydı, yani belirli bir elektrik yüküne sahip iki cisim arasındaki çekim veya itmeyi ifade eden kuvvet.

Teori, bir mıknatıs ile çekilen metal arasında "kuvvet çizgilerinin" varlığını öne süren Michael Faraday tarafından geliştirildi. O zaman James Clerk Maxwell denklemleriyle elektrik, manyetizma ve ışığın hepsinin aynı fenomenin tezahürleri olduğunu kanıtladı: elektromanyetik alan.

O andan itibaren, alan kavramı fizikte giderek daha yaygın bir şekilde kullanılmaya başlandı. Bununla birlikte, kavramın sadece fizikte kullanılmadığını belirtmeliyiz.

Alan kavramı, Şekil 23'te gösterildiği gibi fiziğin dışında bile birçok başka ilişkiye genişletilebilir. Başlangıç olarak, bu terim her zaman ekim yapılan bir arazi parçasının göstergesi olmuştur; köylünün eylemi gerçekleşir.

Alan kavramı için şu tanımı kabul edebiliriz: "Eylem yapanın eyleminin icra edildiği yer". O zaman, eylemde bulunan "özne"nin herhangi biri, örneğin bir çiftçi ya da yerçekimi ya da manyetizma gibi bir fiziksel ilke olabileceği sonucuna varabiliriz. Eşzamanlılık gibi psişik bir ilke de olabilir.

Çiftçi ile toprağı arasında "faydacı" bir güç alanı yaratılır. Görmüyoruz ama hasadın meyvelerini görerek var olduğunu anlıyoruz.

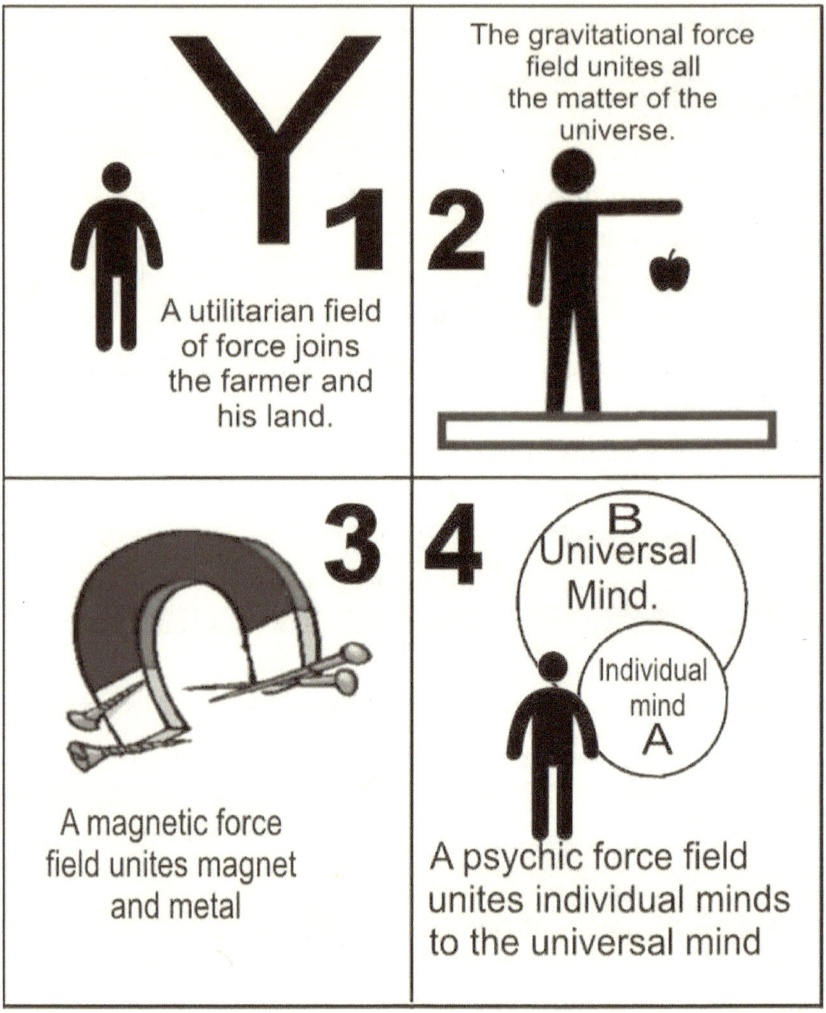
1
A utilitarian field
of force joins
the farmer and
his land.
The gravitational force
field unites all
the matter of the
universe.
2
3
A magnetic force
field unites magnet
and metal
4
B
Universal
Mind.
Individual
mind
A
A psychic force field
unites individual minds
to the universal mind

Şekil 23. Kuvvet alanı kavramının çeşitli biçimlerinin temsili.
1 Faydacı bir güç alanı, çiftçiyi toprağına bağlar.
2 Bir yerçekimi kuvveti alanı, evrendeki tüm maddeleri birleştirir.
3 Bir manyetik alan çivileri mıknatısa bağlar.
4 Psişik bir güç alanı, her bireyin zihnini evrensel zihinle birleştirir.

Dünya ile ay arasında bir yerçekimi kuvveti alanı oluşur. Onu görmüyoruz ama var olduğunu anlıyoruz çünkü ay kozmosa kaçmıyor, dünyanın etrafında dönmeye devam ediyor.

Bir mıknatıs ve bir metal parçası arasında bir manyetik kuvvet alanı oluşturulur. Onu görmüyoruz, ancak metalin mıknatıs tarafından çekilmesi nedeniyle var olduğunu anlıyoruz.

Bireysel bilinç ile evrensel bilinç arasında psişik bir güç alanı yaratılır. Onu görmüyoruz, ama var olduğunu anlıyoruz, çünkü şu anda bilinen fiziksel yasalarla açıklanamayan fenomenler meydana geliyor.

Jung psikoterapisinde "arketipsel alan" terimi sıklıkla kullanılır. Psişik ve fiziksel alanlar arasındaki fark, fiziksel alanların iyi tanımlanabilir ve uzayda yerleştirilebilir ve kendi enerjilerine sahip olmalarıdır.

Ayrıca fiziksel alanlar, hareket eden ve bilgi taşıyan, ışık hızını aşamayan sinyaller iletir.

Tersine, psişik güç alanları yerel değildir. Bu alanlar zaman ve mekana tam olarak yerleştirilemezler.

Psişik alanlar, hız veya zaman sınırlaması olmayan bilgileri iletir. Bu alanlar uzayda ve zamanda aynı anda mevcuttur. Daha sonra göreceğimiz gibi, kuantum özelliklerine sahiptirler.

lanetler dağı.

Yeşu önderliğindeki İsrailliler Vaat Edilen Topraklara girdiklerinde, yerlilerin tüm kentlerini kuşatıp yok ederek fetihlerine başladılar.

Joshua, Ai şehrine ulaştığında, şehrin tüm orduyu kullanmak için çok küçük olduğunu düşündü ve birkaç asker göndermeye karar verdi. Ama Ai sakinleri surlardan çıkıp onları öldürdü.

Çaresizlik içinde, Yeşu Tanrısı Jawe'den yardım istedi. Tanrısı ona yenilginin İsrail halkının sadakatsizliklerinden kaynaklandığını söyledi. Ama sonra onu teselli etti ve Ai şehrini fethetmek için doğru stratejiyi önerdi.

Joshua'nın tüm ordusu, kendilerini gizleyerek surlara yaklaştı. Bu arada, küçük bir grup asker saldırıya başladı. Ai sakinleri şehri terk etti ve önceki başarılarını tekrarlamayı planlayarak bu askerleri çevredeki çöl bölgelerine kadar kovaladı.

Bu, gizli kalan diğer birliklerin savunmasız şehre girip fethetmesine izin verdi.

Zafer, Yeşu'ya herhangi bir itaatsizliğin kavmini bozguna uğratacağını anlamasını sağladı ve ona Yaveh'in Musa'nın ağzından buyurduğu şeyi hatırlattı:

> "When the Lord your God has brought you into the land you are entering to possess, you are to proclaim on Mount Gerizim the blessings, and on Mount Ebal the curses." (*Deuteronomy 11:29*)

"Tanrınız RAB, fethedeceğiniz ülkeye sizi getirdiğinde, Gerizim Dağı'ndan kutsayacak,

Ebal Dağı'ndan lanet okuyacaksınız." (Tesniye 11:29).

Garizim ve Ebal dağları, şimdi Nablus vadisi olarak bilinen Sichem vadisinde, birbirinin karşısında yer almaktadır. 881 metreye ulaşan Garizim Dağı şu anda Jebel at-Tur olarak biliniyor.

Ebal Dağı daha yüksek, 940 metre ve şimdiki Jebel Eslamiyeh'e karşılık geliyor.

Böylece, Jaweh'e itaat eden Joshua, destansı ve görkemli bir tören düzenledi. Altı İsrail oymağından, Ruben, Gad, Aşer, Zebulun Dan ve Naftali'nin bütün adamları, lanetleri ilan etmek için Ebal Dağı'na çıktılar. Diğer altı kabilenin adamları kutsamaları ilan etmek için Gerizim Dağı'na çıktılar.

O andan itibaren, Tanrı'nın yasasını tutacak olan herkes kutsanacaktı. Sonuç olarak, bunu yapmayanların lanetlenmesi gerekiyordu.

Ahit Sandığı ve Levili kâhinler vadide ortada duruyordu.

Gerizim Dağı'nda duran kabileler, bir nimet diye bağırdıklarında, vadiye güçlü bir şekilde inen bir çığlıkla karşılık verdiler: “Amin! Amin!"

Lanetler ilan edildiğinde Ebal Dağı'ndaki kabileler de böyle yaptı. Bu ayinle İsrailliler, vadilerden dağ zirvelerine kadar tüm doğanın dahil olduğu bir kutsama ve lanet bağlamı oluşturmak istediler. Bu ayinin etkileri, dağlar buna tanık olmak için orada kaldığı sürece zamanla devam edecekti.

İki dağda on binlerce insanın toplandığı bu olayın büyüklüğünü hayal edebiliyoruz. Gerçekten de, bu kadar çok insanlığın duygusal katılımı, yazılı yasadan bile daha yüksek bir boyutta kurulması gereken o "kuvvet alanını", ebedi, yok edilemez ve artık değiştirilemez bir gücü yaratmak zorundaydı.

Ganj nehrinde ritüel banyo.

Genel olarak insanlığa elverişli olan güç alanlarının insan katılımıyla yaratıldığı tek zaman bu değildi.

Hint mitolojisinde, dağ kralı Himavan'ın kızı olan Ganga'nın (dolayısıyla Ganj nehrinin adı) dokunduğu her şeyi saflaştırma gücüne sahip olduğu söylenir.

Bu nedenle Hindulara göre Ganj Nehri kutsaldır. İnsanın hayatında en az bir kez Ganj'da yıkanması gerektiğine inanırlar.

Birçok Hindu ailesi evde bir şişe Kutsal Ganga suyu bulundurur. Herkes bu suyun kişinin ruhunu tüm günahlardan temizleyebileceğine ve ayrıca hastaları iyileştirebileceğine inanır.

Hindu inananlar, her altı yılda bir, Ganj'ın diğer iki nehirle, Yumana ve Saraswati ile birleştiği yerde, Ardh Kumbh Mela bayramını kutlamak için toplanırlar ve sonunda Shahi Snan töreni veya arınma banyosu yapılır yer.

İnanılmaz duygu yüklü bir tören. Binlerce ve binlerce Hindu, ruhu iyileştiren bir banyo için kendilerini nehre sokarlar. Akan su, onların inancıyla doludur ve onu tüm yaratılışta iyileştirici bir güç olarak yansıtır.

Bu törenin, onu gözlemleyen inanmayanlar için ölçülemez yoğunlukta duygular uyandırdığı da açıktır.

Elbette, tüm katılımcılar güçlü bir mistik güç alanına dahil olurlar.

Bazıları bulaşıcı hastalıklardan muzdarip on milyonlarca insan ve hatta insan ve hayvan cesetleri Ganj Nehri'nin sularına dokunuyor. Bildirildiğine göre, şaşırtıcı bir şekilde, hiç kimse ıslanmaktan veya o suyu içmekten hastalığa yakalanmadı.

Benzer bir mistik şifa gücü alanını, Fransa'daki Lourdes kutsal alanı gibi diğer birçok su kaynağında bulabiliriz.

Kuvvet alanları ve arketipler.

Jung'a göre arketipler, insan bilinçdışının doğuştan gelen ve önceden belirlenmiş fikirlerini temsil eder. Kolektif bilinçaltında bulunurlar ve psişik enerjinin gerçek merkezleridir.

Özellikle krizler veya dönüşümler nedeniyle acı çeken anlarda, bireylerin zihinlerinde kendiliğinden tezahür ederler.

Eşzamanlılık dönemleri, bir kişinin ruhunun kolektif bilinçdışından topladıkları ile dış dünyada deneyimledikleri arasında kurulan bağlantı sayesinde meydana gelir.

Doğuştan gelen ve tüm insanlık tarihini ve deneyimini içeren arketipler, insan türü geliştikçe güçlenir.

İnsan ruhu tarafından ne kadar çok güç alanı üretilirse, kolektif bilinçdışında bir "arketip" o kadar çok pekiştirilir.

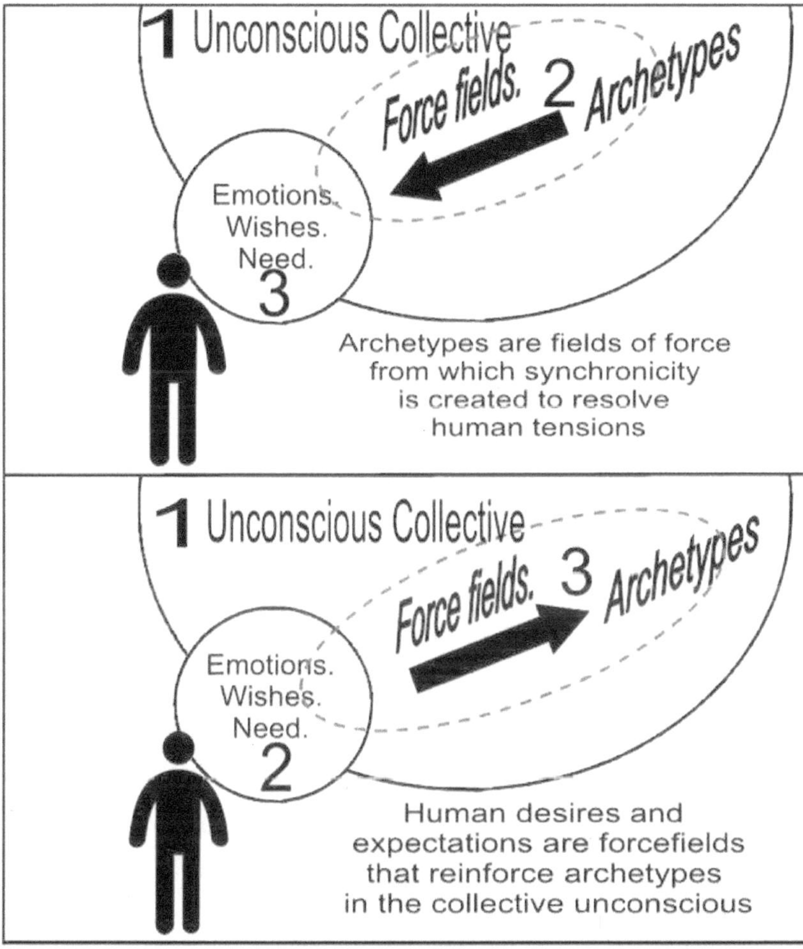

Şekil 24. Yerel olmayana doğru yükselen niyetler ile ondan kaynaklanan eşzamanlılıklar arasındaki karşılıklı pekiştirme.
1 Kolektif bilinçaltı, birey ile kozmos arasındaki karşılaşmanın gerçekleştiği yerdir.
Arketipler, kolektif bilinçaltından bireysel bilince akar.
Bireylerin arzuları, deneyimleri ve duyguları kolektif bilinçaltını güçlendirir.

Bu anlamda, insanın arzularının kolektif bilinçdışı olarak tanımladığımız evrensel zihin tarafından şekillendirildiğini söyleyebiliriz. Buna karşılık evrensel zihin, arzu ve beklentilerin ürettiği güç alanları, yani insan niyetleri tarafından şekillendirilir. Eşzamanlılık her iki yönde de çalışır.

Zihinsel alanlar.

Rupert Sheldrake, en çok morfik alanlar veya form alanları teorisi ile tanınan bir İngiliz biyolog ve deneme yazarıdır. Bu alanların özelliği, klasik fiziğe atıfta bulunmamaları, yani mekanik değil, bilinmeyen yasalar tarafından yönetilmeleridir. Genişletilmiş zihin kitabında şöyle diyor:

> "Cambridge Üniversitesi'nde bitki gelişimi üzerine araştırma yaparken, canlı organizmaların alanlar aracılığıyla organize olduğu sonucuna vardım.
>
> Bitkiler tohumlarda bulunan basit embriyolardan nasıl büyüyerek gardenya, sekoya veya bambuya dönüşür? Yapraklar, çiçekler ve meyveler kendi karakteristik şekillerini nasıl alırlar?
>
> Saf cevap, her şeyin genetik olarak programlandığını söylemektir. Gelişmekte olan her bitki veya hayvan bir şekilde genlerinde bulunan talimatları takip eder.

Bu teorideki sorun, genlerin gerçekte ne yaptığını bilmemizdir: protein moleküllerini oluşturan amino asitleri kodlarlar.

Genler, vücut geliştikçe hücrelerin doğru zamanda doğru proteinleri üretmesini sağlar. Ancak doğru proteinlere sahip olmak, bir çiçeğin şeklini veya bir farenin yapısını açıklamaz. Bu yapı neden böyle gelişiyor? Kimse bilmiyor. Bu biyolojideki çözülmemiş en büyük problemlerden biridir.

Son kırk yılda, genleri incelemek ve etkinliklerini kontrol etmek için muazzam çabalar sarf edildi. Çok sayıda ayrıntılı bilgi mevcuttur, ancak bu, bir farenin veya başka herhangi bir organizmanın gelişimini anlamak anlamına gelmez.

Hücrelerin, dokuların ve organların kendilerini otomatik olarak organize ettiğini söylemek, tüm malzemeler bir şantiyeye doğru zamanda teslim edilirse, binanın otomatik olarak kendini ve doğru şekilde yapacağını söylemekle eşdeğerdir.

Açıkçası durum böyle değil. Binalar kendi başlarına inşa edilmez, projeye göre inşa edilir. Elbette proje yapı malzemelerinin içinde yer almıyor: bu bir mekansal fikir, malzemelerden eksik olan bir bilgi örüntüsü."

Geçen yüzyıldan bu yana, canlı organizmaların gelişimini inceleyen birçok biyolog, genlerin çalışmasının yeterli olmadığı ve gerekli materyalleri programlamanın yanı sıra, gelişimi denetleyen bir organizasyon sisteminin olması gerektiği sonucuna varmıştır.

Sistemin "morfogenetik alanlar" adı verilen alanlara dayandığına inanılıyor. Organizmaların gelişimini incelemek için hazırlanan matematiksel modellerde "cazibe yaratan" unsurlar tanıtılmıştır. "Çekiciler", morfogenetik alanların yöneldiği hedeflerdir.

Bu çekiciler, matematikçilerin "çekim havzaları" olarak adlandırdıkları belirsiz alanlarda bulunur ve her organizmayı kendi türüne ve cinsine uygun gelişme yönünde çekme ve yönlendirme yeteneğine sahiptir.

Böylece, bir farenin gelişimi farelerin morfogenetik alanı tarafından ve bir papatyanın gelişimi papatyaların morfogenetik alanı tarafından şekillendirilir.

Her şey yolunda, ama bu alanlar nerede? Nasıl tartılırlar, nasıl ölçülürler?

Mutlak karanlık bunun üzerinde hüküm sürer. İşte o zaman, basit bir papatya gelişiminin matematiksel modellerinin bile, papatyanın nasıl oluştuğunu açıklamak için bilinmeyene başvurması gerekir.

Elektrik alan ve manyetik alan gibi fiziksel alanlara ek olarak, fiziksel olmayan ve yerel olmayan alanlar yani ölçülemeyen alanlar olduğunu kabul etmek zorunlu hale gelir. Ayrıca bu alanların nerede olduğu veya nereden geldikleri bilinmemektedir.

30-40 yaşlarında, 1.75 metre boyunda ve 70 kg ağırlığında bir insan, erkek veya kadın düşünelim. Kimyasal bileşimi şöyle olacaktır:

su %59, 41,4 kg'a eşittir
proteinler %19, 13 kg'a eşittir

yağlar %17, 12 kg'a eşittir
mineraller %4, 3 kg'a eşittir
karbonhidratlar %1, 0,6 kg'a eşittir
eser vitaminler 3-5 g

Bu unsurları bir çalkalayıcıda bir araya getirip istediğiniz zaman sallayarak bir erkek elde edeceğinizi mi düşünüyorsunuz? Hayır. İnsanlar bile rastgele değil, morfogenetik bir alanın talimatlarına göre "toplanır". (Bkz. şekil 25).

Morfogenetik alanlar nasıl çalışır?

Aslında kimse bilmiyor. Rupert Sheldrake bunların henüz fizikçiler tarafından tanınmayan bir cinsin alanları olduğunu varsayar ve bu nedenle üç özellik önerir.

Birincisi açıktır, morfogenetik alan, aksi halde rastgele olacak süreçleri yöncten bir projedir. Bir farenin gelişimine rehberlik eden (aslında dayatan) bir morfogenetik alanın yokluğunda, bu bir kaos olurdu: Sekiz kuyruklu ve bir bacaklı fareler veya hamamböceklerine benzer yarım gövdeli daha kötü fareler olabilir.

İkincisi, bu alanların matematiksel teoriler tarafından öne sürüldüğü gibi, "çekici ajanlar" içermesidir.

Anın gelişimini planlamaya ek olarak, bu alanlar gelecekteki gelişmelere nasıl rehberlik edeceğini bilir. Morfogenetik alanlar "nereye gittiğimizi" bilirler, daha olmadan ne olacağını görürler.

Şekil 25. Bir bina yapmak için tüm malzemelerin şantiyeye getirilmesi yeterli değildir. Bir projeye ihtiyaç var. Ancak bu, materyallerde bulunmaz.

Morphogenetic fields

 1	The vine produces grapes because its development takes place in accordance with the morphogenetic field of the vine.
	This vine growing enhances and modifies the morphogenetic field of all the vine plants.
 2	Pear produces pears because its development takes place according to the morphogenetic field of Pear.
	This growing pear tree enhances and modifies the morphogenetic field of all pear trees.

Şekil 26. Evrendeki her bir element, hayvan, bitki ya da mineral, kendi morfogenetik alanına kazınmış bir projeye göre gelişir.

1 Asma üzüm üretir çünkü gelişimi asmanın norfogenetik alanını takip eder. Bu asma büyüdükçe tüm asmaların morfogenetik alanını güçlendirir.

2 Armut, armut ağaçlarının morfogenetik alanını takip ettiği için armut üretir. Ancak bu, büyüdükçe tüm armut ağaçlarının morfogenetik alanını güçlendirir.

Bir bilgelikleri var, ya da isterseniz vicdanları, görevlerinin bilinci var. Proje bugün geliştikçe, saha gelecekte ne olacağını şimdiden görüyor.

Üçüncü özellik, morfogenetik alanların evrende kesin olarak kayıtlı olmadığı, referans organizmalarla birlikte evrimleştiğidir. Tüm türlerin tarlaları, farkında oldukları bir geçmişe sahiptir. (Bkz. şekil 26).

Morfogenetik alanlar ve morfik rezonans.

Bir diğer adım, morfogenetik alanların çalışma prensibini genişletmektir. Bunlar adlarıyla sınırlıdır: işlevleri, organizmaların inşaat projelerinin gerçekleştirilmesi için genlerle işbirliği yapmaktır.

Alanların yalnızca fiziksel bedeni değil, aynı zamanda karakteri, yani psişik özellikleri inşa etmek için yol gösterici projeler haline gelebileceği daha büyük alanlar hayal edebiliriz.

Örneğin, fare büyüdükçe, önceden var olan bir plana göre içgüdüleri ve davranışları da onunla birlikte gelişebilir. Çocukken içgüdüsü onu annesinden yiyecek aramaya yönlendirecek, büyüdüğünde ise bağımsız olarak avlanarak ya da atıklar arasında yiyecek arayarak yiyecek arayacaktır.

Bu durumda, gelişmekte olan farenin ruhu ile ondan önce yaşamış tüm sonsuz farelerin ruhu arasındaki morfik rezonanstan bahsediyoruz.

Rezonans, yankıya veya gürlemeye benzer bir olgudur. Çok yaygın bir örnek vermek gerekirse, birbirine yakın açık iki mikrofon getirdiğinizi hayal edin; artan ses seviyesinde ıslık sesleri duymaya başlayabilirsiniz.

Teknik olarak, iki mikrofonun salınım yaptığı söylenir: ikisinden her biri diğerine bir sinyal iletir ve güçlendirilmiş dönüşte alır. Arketiplerin ve bilincin etkileşime girdiğini ve güçlendiğini savunarak Şekil 24'te önerdiğimiz şey budur.

Benzer şekilde, morfik rezonans yoluyla, daha önce yaşamış milyarlarca farenin psişesi ile tek bir farenin psişesi temas eder. Birey, türün tüm deneyimini alır. Aynı zamanda türün deneyimi, bireyin deneyimiyle zenginleşir. Biraz da türün hafızasından bahsedelim.

Soru şu: Türün hafızası nerede? Hiçbir yerde diyemeyiz, çünkü özelliklerinden biri mekansızlıktır. Ya da şimdiye kadar söylenenlere benzeterek, bunu farelerin kolektif bilinçaltına yerleştirebiliriz.

Morfik alan kavramını daha iyi açıklamak için Sheldrake'ten tekrar alıntı yapıyorum.

> "Other kinds of morphic fields include the behavioral fields that underlie the behavior and instincts of animals. As a kitten grows up, its instincts and behavior are shaped by morphic resonance from countless cats in the past. Its morphic fields contain a collective memory of the species. These fields interact with nervous systems and brains by imposing pattern and order on otherwise indeterminate or chaotic processes within them, as I discuss below.
> In addiction, the morphic fields of social groups, or social fields, coordinate the behavior of animal groups, such as termite colonies, flocks of birds, schools of fish, and packs of wolves". (The Sense of Being Stared At: And Other Unexplained Powers of Human Minds)

Şekil 27. Balık sürülerinin veya kuş sürülerinin hareketleri ve evrimleri, yersizlikle ilişkili kuvvet alanlarından kaynaklanmaktadır. Bu nedenle tüm balıklara veya kuşlara anında bulaşırlar.

1 Göç etme içgüdüsü leyleklerin morfik alanından gelir.

2 Bir kuvvet alanı, leylek sürüsünün hareketlerini koordine eder.

"Hayvanların davranış ve içgüdülerinin altında yatan davranışsal alanları içeren morfik alanlar var.
Bir kedi büyüdükçe, içgüdüleri ve davranışları, geçmişin sayısız kedisi tarafından morfik rezonans yoluyla şekillenir. Morfik alanları, türün kolektif hafızasını içerir.
Bu alanlar, bireylerin sinir sistemleri ve beyinleriyle etkileşime girerek, aksi takdirde kendi içlerinde belirsiz veya kaotik olacak süreçlere kalıplar ve düzenler empoze eder.
Ayrıca, sosyal grupların morfik alanları veya sosyal alanlar, termit kolonileri, kuş sürüleri, balık sürüleri veya kurtlar gibi hayvan gruplarının davranışlarını koordine eder ".

Morfik alanlar.

Morfik alanlar sessiz varlıklarını algılarımızda, düşüncelerimizde ve tüm zihinsel süreçlerimizde gösterirler.

Zihinsel faaliyetlerin morfik alanlarına zihinsel alanlar denir. Zihinsel alanlar aracılığıyla zihin çevreye ulaşır ve sosyal grupların diğer üyeleriyle bağlantı kurar.

Bu bağlantılar telepati, izlenme hissi, basiret ve psikokineziyi açıklayabilir. Geleceğe nasıl uzanacaklarını bildikleri için önsezileri ve önsezileri anlamaya da yardımcı olabilirler, çünkü yerel olmayanda gelecek yoktur.

Doğada "kuvvet alanları". Taşlar.

Bu bölümün başında, Ganj nehrindeki kutsal banyo vesilesiyle olduğu gibi, niyetlerin, yani insanın arzularının ve vicdanının bir sonucu olarak oluşan güç alanları hipotezini önerdim.

Bununla birlikte, insanın, doğanın güçleriyle bağlarının bugün olduğundan çok daha güçlü olduğu insanlığın başlangıcından beri tanımladığı, insandan bağımsız doğal güç alanları vardır.

Belirli yerlerin (ormanlar, akarsular, taşlar) kutsallığına olan inançla bağlantılı olarak, tarih öncesi çağlarda da hac yerleri zaten vardı. Dini kültlerin kutlamaları da bu inançlardan gelişmiştir.

Tüm halklarda mevcut olan bir kavrama göre, yeryüzüne bir Anne olarak hürmet edildi. Sonuç olarak, Toprak Ana'dan gelen her şey kutsal bir anlam kazandı.

Özellikle bazı taşlar mistik özelliklere sahip kaplar olarak görülüyordu. Kendi içinde gücü ve dayanıklılığı simgeleyen taş, ilahi, güçlü ve ebedi bir gücün varlığının ifadesi olmuştur.

Taş aynı zamanda güvenliğe de ilham verdi, çünkü ilk insan konutları taşın hemen içinde, mağaralarda bulunuyordu.

Mağaralar sadece yurtlar olarak değil, kutsallık dolu yerler olarak kabul edildi. Bu, bu mağaraların çoğunda bulunan süslemelere bakılarak anlaşılabilir..

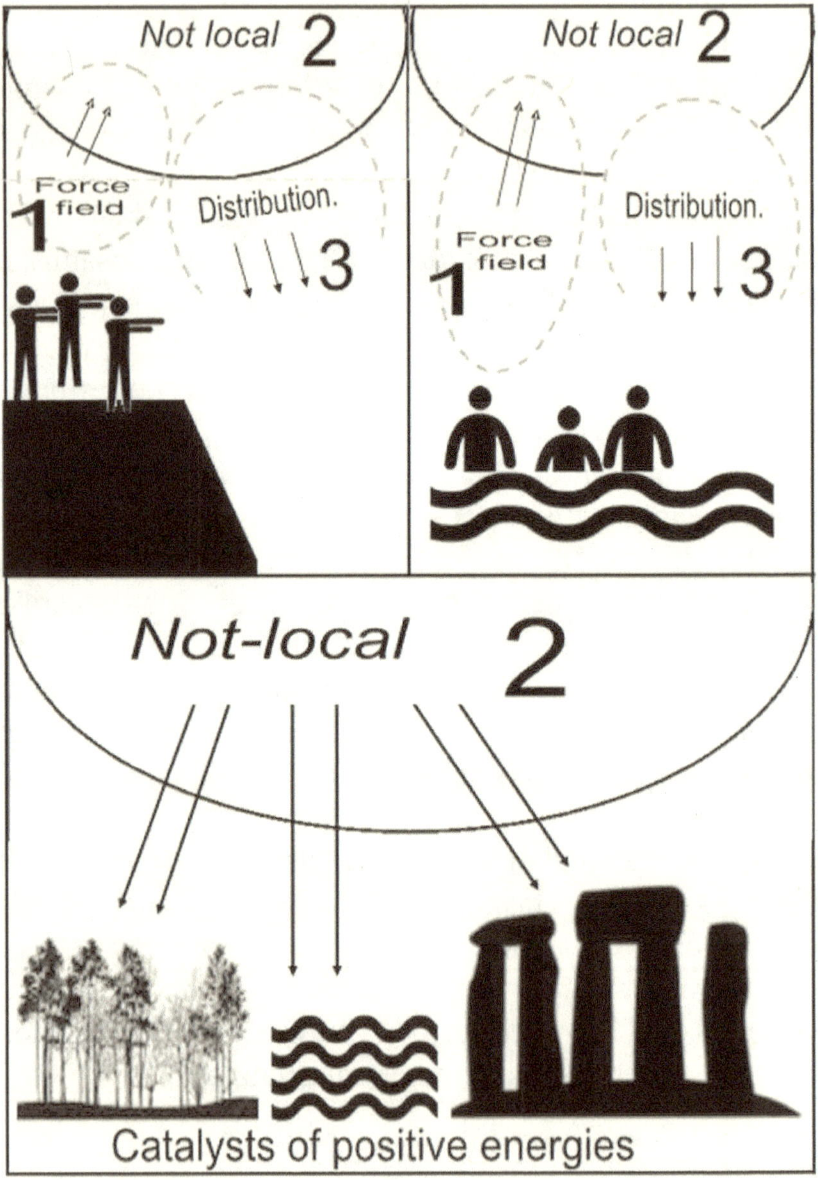
Not local 2
Force field
1
Distribution.
3
Not local 2
Distribution.
Force field
1
3
Not-local
2
Catalysts of positive energies

Şekil 28. Pozitif enerji katalizörleri.
1 - 2 İnsan niyetleri, yerel olmayan düzeyi etkileyen güç alanları yaratabilir.
3 Dünyadaki birçok yer, yerel olmayan seviyeden gelen pozitif enerjiler için katalizördür.

Süslemeler mağaraları tapınaklara dönüştürdü, örneğin Fransa'da Lascaux veya Chauvet'in kaya resimleriyle süslenmiş mağaralarda, İspanya'da Altamira mağarasında ve hatta Sicilya'da Levanzo'daki Grotta del Genovese'de olduğu gibi.

İnsanlık tarihine taş gibi başka hiçbir malzeme eşlik etmemiştir. Bağlantı, araçların inşasıyla başlar ve bugün bulutlara dokunan binaların yükselmesiyle devam eder.

Taş sembolünü, kurşunu altına dönüştürebilen, aynı zamanda insanı ham doğasından daha yüksek bir maneviyata yükseltebilen Felsefe Taşı'nı aramayı amaçlayan simya uygulamasında da buluyoruz.

Bütün kültürlerde insan, doğduğu göğe uzanmış olarak görülür. İnsan, ölümlü doğası gereği evrenden yalnızca geçici olarak ayrılır, ancak sürekli olarak kendisini geldiği sonsuzlukla yeniden birleştirecek bir köprü arar.

Genellikle taşlar bu teması destekleyen köprü haline gelir. Bu açıdan megalitler görülebilir.

İngiltere'de Stonehenge'de olduğu gibi ya da yine Fransa'da Carnac'ta olduğu gibi dizilimler halinde tek tek veya daireler (cromlech) olarak dikilen taşlar, evrenin enerjisini katalize etme gücüne sahiptir. (Bkz. şekil 28).

Bütünden, yani mekânsızlıktan gelen bu enerji, insanın evrensel güçle, ilahi olanla bağlantı kurmak için kendisini içine sokabileceği yerel güç alanları üretir.

Bu yerlerin ürettiği güç alanları, yalnızca psikolojik iyiliğin aynı zamanda fiziksel iyiliği de yarattığı gerçeği için olsa bile, genellikle mükemmel iyileştirme yeteneklerine sahiptir.

Pierre Teilhard de Chardin ve "Omega Noktası".

Pierre Teilhard de Chardin, 1881'de Fransa'da Orcines'te doğan bir Cizvit rahipti. Her şeyden önce evrimci bir bilim adamı olarak tanınan, aralarında "Noosphere" ile ilgili olanın önemli olduğu birçok teori geliştirdi.

"Noosphere", Yunanca zihin anlamına gelen "nous" ve biyosfer veya biyolojik alan anlamındaki "küre" sözcüklerinden türetilen bir terimdir.

Teilhard de Chardin için "Noosphere", tüm insan zihinleri arasındaki etkileşimden kaynaklanan, insanların kolektif bilincidir. İnsan türünün organizasyonu ilerledikçe, noosfer bir tür rezonansa dönüştü.

Kavramın Jung'un kolektif bilinçaltı ve Sheldrake'in "morfik alanlar" oluşumuyla kesinlikle güçlü benzerlikleri var.

İnsanlık karmaşıklığını artırarak kendini ne kadar organize ederse, noosfer de o kadar şekilleniyor. Bilgin, "Noosphere"in artan rezonans ve entegrasyon ile Omega Noktası dediği noktaya ulaşana kadar genişleyeceğini savundu.

Bu, evrenin evriminde yöneldiği maksimum karmaşıklık ve bilinç düzeyidir.

Yazılarının yayınlanması, İkinci Vatikan Konseyi'nden önceki dönemde muhafazakarlar ve yenilikçiler arasında var olan karşıtlıklar nedeniyle Katolik çevrelerde hararetli tartışmalara yol açtı.

Gerçekten de Teilhard de Chardin sapkınlıkla, daha doğrusu panteizmle, Giordano Bruno'nun kazığa bağlanarak yakıldığı suçlamayla suçlandı.

Her zaman olduğu gibi, Roma Kilisesi bilimin peşinden gitmenin her zaman bir adım gerisinde olduğunu göstermiştir, bu nedenle yargıçların mahkûmiyetleri, doğaçlama oldukları kadar hırslı oldukları için de daha derin düşünen ve aydınlanmış zihinler tarafından gözden geçirilmelidir.

Gerçekten de, son zamanlarda Teilhard de Chardin'in teorileri olumlu bir şekilde yeniden değerlendirildi. Papa Paul VI, bilim ve inanç arasındaki ilişki üzerine yaptığı konuşmada, onun çalışmalarını övdü ve onu maddeyi incelerken Ruh'u yeniden keşfetmeyi başarmış bir bilim adamı olarak gösterdi.

Ayrıca De Chardin'in teorisinin Tanrı'yı inkar etmediğini, ancak "Akıllı ve Yaratıcı bir ilke olarak Tanrı'nın varlığını" desteklediğini de sözlerine ekledi.

Daha sonra, Kardinal Ratzinger, daha sonra Papa XVI. Ayrıca vizyonunun "büyük bir kozmik ayin" için bir başlangıç olduğunu belirtti.

Beşinci bölüm. Kuantum fiziğinin harikaları.

I have yet to see any problem,
however complicated, which,
when looked at in the right way
did not become still more complicated.
(Poul Anderson, writer)

Doğru şekilde analiz edilen herhangi bir karmaşık sorun daha da karmaşık hale gelir. (Poul Anderson, yazar)

Zaman, mesafe, "kuantum mekansızlık".

"Kuantum dolaşıklığı" adı verilen olguyla ilgili konuya değinmeden önce, içinde hareket ettiğimiz boyutlar hakkında bir fikir sahibi olmakta fayda var. Fiziksel düzeyde yaşarken, zamanı saniyelerden yüzyıllara kadar değişen bir ölçekte ölçmeye alışkınız ve bize iki uç arasındaki mesafenin çok büyük olduğu anlaşılıyor.

Gerçekte, bir asır 876.000 saatten oluşur ve bu nedenle, bir saatin 3.600 saniyeden oluştuğunu düşünürsek, bir asır yaklaşık 3 milyar 154.000 saniyeden oluşur.

Ancak astronomide zamanın milyarlarca yıl (bir milyar yıl on milyon yüzyıldır) ile sayıldığını düşünmeye çalışırsak, genellikle kullanılan ölçü birimlerinin yeterli olmadığını çok iyi görebiliriz.

Aynı şey mesafeler için de söylenebilir: genellikle milimetre, metre veya kilometre cinsinden düşünürüz. Ancak galakside veya bir atomun çekirdeğinde ölçüm yapmak istersek, bu ölçü birimlerinin yeterli olmadığını anlarız.

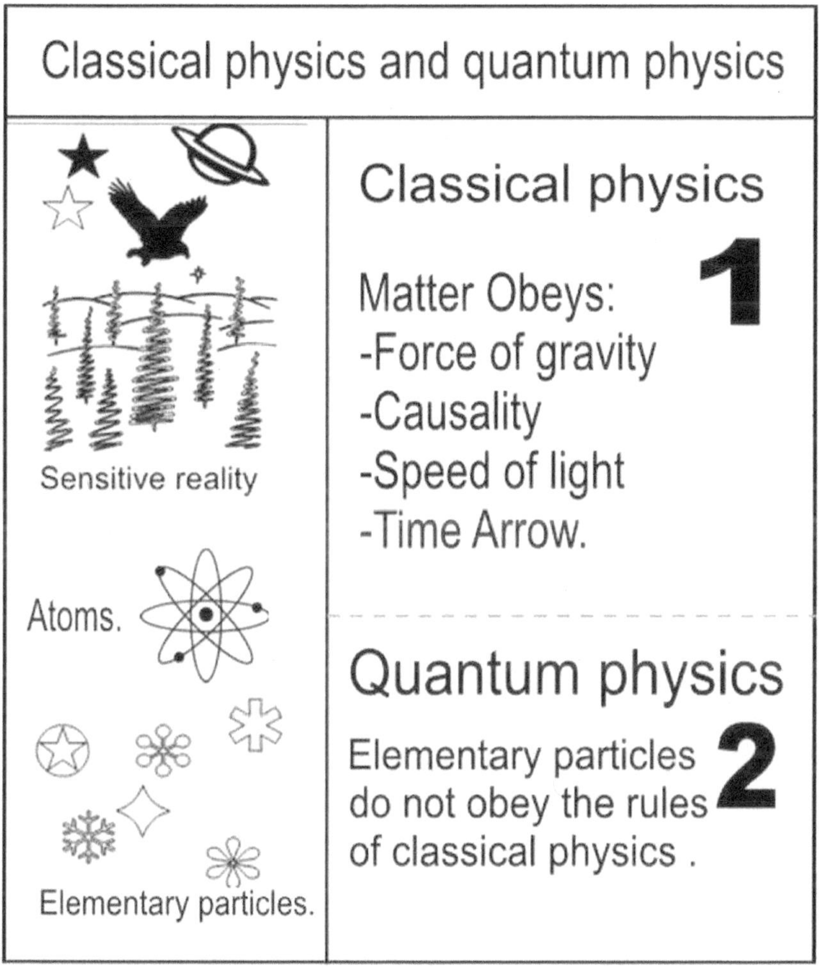

Şekil 29. Birkaç yıl öncesine kadar sadece klasik fiziği biliyorduk. Şimdi, temel parçacıkların başka bir düzeyi olduğu açık hale geldi. Bu düzeyde klasik fizik kuralları artık geçerli değildir.

1 Klasik fizik, madde birçok yasaya uyar: yerçekimi kuvveti, nedensellik, ışık hızı, zamanın yönü.

2 Kuantum fiziğinde temel parçacıklar bu yasalara uymaz.

Eşzamanlılıklar doğru zamanda gerçekleşir.

Geçmişte Aziz Paul'e atfedilen bir İncil metni olan İbranilere Mektup'ta yazar, Mesih'in "... zaman dolunca, kendini feda ederek günahı silmek için dünyaya geldiğini" (İbr. 9, 26b)

Ünlü İtalyan İncil yorumcusu Gianfranco Ravasi, konuşmalarından birinde, tüm teolojik imalara halel gelmeksizin, "zamanın doluluğunda" ifadesinin de en kesin anlamıyla anlaşılabileceğine dikkat çekti: "doğru zamanda".

Ravasi'ye göre, İsa'nın doğduğu an, Müjde'nin yayılması için kesinlikle elverişliydi: Roma İmparatorluğu, tüm topraklarında yollar inşa etmiş, insanların hareketini ve onlarla birlikte yeni fikirleri büyük ölçüde kolaylaştırmıştı.

İsa'nın öğrencilerine verdiği "Bütün dünyaya gidin ve Müjde'yi her yaratığa duyurun" (Mk 16:15) görevi, zamanın dünyasının durumu tarafından büyük ölçüde kolaylaştırıldı: geniş topraklar pratikte barış içinde ve kolayca erişilebilir.

İnsanlığın kolektif bilinçaltında bulunan arketiplerin, yani "fikirlerin", insanın vicdan ve niyetleriyle etkileştiğini ve güçlendiğini biliyoruz.

Human evolution		
From four million years to 10,000 years ago 1		Stone Age in its various stages
From 10,000 to 200 years ago 2		Age of metals
From 1800 3		Industrial Revolution
From 1900 4		Computer revolution
Next evolutionary step 5		Science that unifies matter and psyche

Şekil 30. Taş Devri'nden Metal Devri'ne geçişi sağlayacak evrimsel bir eşzamanlılığı tetiklemek için çok uzun bir zamana ihtiyaç vardı. Son yüzyıllarda, eşzamanlılıklar çılgın bir trend aldı.

1 Taş Devri milyonlarca yıl sürer ve sadece 10.000 yıl önce sona erer.

2 Metallerin yaşı 10.000 ila 2.000 yıl önce sürer.

3 Sanayi devrimi 19. yüzyılda başlar

4 Bilgi devrimi 20. yüzyılda başlıyor

5 Bir sonraki evrimsel adım, evrenin maddi bileşeni ile psişik bileşeni arasındaki işbirliğini içerecektir.

Benzer şekilde, daha fazla erkek onu arzu ve beklentilerine, yani kendi niyetlerine koyduğunda yeni bir din fikrinin güçlendiğine inanmak mantıklıdır.

Yeni inananların beklentileri sürekli arttığı için Hıristiyanlık daha hızlı yayıldı ve yerel olmayan Hıristiyanlık fikri ile rezonansa girdi.

İnananların artan sayısı bir çarpan oldu. Elbette, Hıristiyan inancına göre, "mekânsızlık" boyutu, vaazlarında müritlere yardım eden ve rehberlik eden Kutsal Ruh'un işiyle örtüşür.

İnsanın evrim geçirdiği zamanları değerlendirecek olursak, bir başka "en uygun zaman" örneğini de düşünebiliriz.İnsanın çağları Taş Devri, Bakır Devri, Tunç Devri ve Demir Devri olarak ayrılabilir.

Bu yaşları bu şekilde sıralarsak, süreleri hakkında bir algımız olmaz. Aslında Taş Devri 3-4 milyon yıl önce başlar ve sadece 10-12.000 yıl önce Bakır Çağı'na yol açan değişiklikler meydana geldi: 5.000 yıl önce Bronz Çağı. Demir Çağı 3000 yıl önce gelir. (Bkz. şekil 30)

Taş devri, sonraki tüm çağlardan çok daha uzun sürdü. İnsan, Bakır Çağı'nda ilk evrimsel adımı atmadan önce neden üç milyon yıldan fazla bir süre erken yaşta bu kadar uzun süre kaldı? Bu, modern paleontolojinin cevaplayamadığı bir sorudur.

Bir varsayımda bulunmaya cüret edelim: Bunca uzun süre boyunca insanlar istemediler, gelişmeye niyet etmediler, belki de henüz niyetlerini ifade etmeye hazır bir vicdanları olmadığı için olasılığı hayal bile etmediler.

Belki de o kadar azdılar ki, evrimsel gelişimi destekleyebilecek eşzamanlılıkları teşvik edecek böyle bir güç alanı geliştiremediler.

Belli bir noktada, artan sayı ve bazı elverişli koşullar, kültürel gelişmenin arketipiyle etkileşime girmeye yetecek bir güç alanını tetiklemeyi başardı.

O andan itibaren evrim çok hızlı oldu, Bakır Çağından Tunç Çağına ve ardından Demir Çağına hızla geçti.

Bugün silikon çağında yaşıyoruz, yani bilgi çağında. Bugün, yeni fikirleri hızla yaymak için iletişim araçlarına sahibiz, en ileri bilgi sınırlarına göre güç ve beklenti alanları oluşturabilecek kapasiteye sahibiz.

Bugün ortaya çıkan güç alanları, artık milyonlarca yılda değil, birkaç on yılda insanlığın evrimsel yolunu yayabilir ve değiştirebilir.

İçinde yaşadığımız zaman, kuantum dolaşıklığı gibi kuantum fiziğinin ilerlemesiyle ilgili yeni fikirlerin, evrenin gerçekliği hakkındaki tüm eski inançları ele geçirmesi ve bozması için kesinlikle doğru zamandır.

Aslında, kuantum dolaşıklığı artık yalnızca maddeden değil, madde ve psişeden oluşan bir gerçekliği öngörür. Dolaşıklık, her zaman doğru olduğunu hissetmiş olsa bile, insanlığın asla deneyemediği tüm düşünce ve sezgileri yeniden değerlendirir ve güncelleştirir.

Kuantum dolaşıklığı gerçek ve inandırıcı kanıtlar üretmeye başlar. Dünyada bu yeni bilimin "savunucuları" ağı yaratılıyor, her gün aynı fikri pekiştirmeye yetecek bir güç alanı üretebiliyor.

Kuantum dolaşıklığı birkaç yıl içinde inanılmaz bir dizi eşzamanlılık sayesinde gelişti.

Tam zamanında yapılmış bir toplantı.

Ocak 1932'de soğuk bir öğleden sonra, mütevazi görünümlü bir adam, zamanın tanınmış bir psikoterapistinin ofisinin kapısını çaldı.

Akıl sağlığı için endişelenen babasının tavsiyesini dinlemeye ve bir uzmana başvurmaya karar vermişti. Gerçekten de o adam hayatında çok zor bir dönemden geçiyordu.

1900'lerin başında Viyana'da doğdu. Hayatında çok az şey yapmış olmanın belirgin duygusuyla yakında otuz yaşına girecekti. Başına gelen birçok trajik olay nedeniyle ciddi bir ruhsal bozukluk durumuna düşmüştü.

Özellikle, dört yıl önce annesi intihar etmiş ve birkaç hafta süren bir evliliğin ardından kabare şarkıcısı olan karısından boşanmıştı.

Bütün bunlar onun alkolik olmasına yol açmıştı, bu yüzden sık sık gece geç saatlerde, diğer müşterileri rahatsız ettiği için iyi tanındığı çeşitli yerlerden atıldı.

Diğer şeylerin yanı sıra, bu alışkanlık onu sinirli ve ayrıca çalışma ortamında yaptı. Burada başkalarıyla ilişkilerinde samimi olamazdı.

Psikoterapist, notlarında o adamla karşılaşmasını şöyle anlatıyor:

"Bir hastam vardı, bir üniversite profesörü. Çok mono-odaklı bir entelektüeldi. Bilinçaltı sorunlu ve çok aktif hale gelmişti. Kendisini

düşman gibi görünen diğer adamlara yansıttı. Kendini çok yalnız hissetti, çünkü herkes ona karşı görünüyordu."

Psikoterapist Carl Gustav Jung ve hasta Wolfgang Pauli olarak adlandırıldı. (Bkz. şekil 31). Bu toplantıdan sonra, ortak kültürel çıkarlar nedeniyle dostluk tarafından kısa sürede güçlendi, ikisi arasında yoğun bir işbirliği gelişti.

Aslında, psişik sorunlarına rağmen, Pauli parlak bir bilimsel zihindi, o kadar ki 1945'te kuantum fiziğinin gelişimi için gerekli olan keşfi için Nobel Ödülü'nü aldı, "Pauli dışlama" olarak adlandırılan iyi bilinen İlke.

İkisinin karşılaşması tesadüfen olmadı, ancak o zaman için son derece kesin bir eşzamanlılıktı ve tüm insanlığı evrenin gerçekliği hakkında mevcut bilgilere doğru yönlendirdi.

Jung ve Pauli iki teoriyi birleştirdi. İlki, arketipler ve kolektif bilinçdışı teorisi Jung tarafından geliştirilmiştir. Bu teori, Pauli'nin bilimsel doğruluğuna ve titiz metodolojisine tabiydi. Pauli ayrıca Jung'un teorisini kuantum fiziğinin ilkeleriyle karşılaştırdı. Bu kitaptaki içeriğin çoğu, onların işbirliğinin sonuçlarına dayanmaktadır.

Pauli, çalışmalarının birçok olumlu sonucu için rüyalara güveniyor. Rüyalarda birçok yararlı ilham aldığını iddia etti.

Şekil 31. Wolfgang Pauli, 1945 Nobel Fizik Ödülü.

Pauli etkisi.

Pauli, arkadaşları arasında çok özel bir özelliğiyle tanınırdı.

Pauli bir araştırma laboratuvarına girdiğinde, her zaman bir şeyler olduğu söylenir. Örneğin, çalışmayı durduran aletler, ezilen nesneler, yere düşen veya patlayan diğerleri vardı.

Pek çok fizikçi onu hiçbir şekilde içeri almamaya ve en yaratıcı bahaneler bulmaya karar vermişti. Ama bunu ona söylemeden, saygılarından dolayı yaptılar.

Sadece meslektaşı Otto Stern, yasağı geri dönülmez bir karar olarak açıkça ilan etti. Pauli'nin çevresinde kesinlikle bir psikokinetik kuvvetler alanı oluşmuştur. Bu alan katı maddeyi etkileyebilir.

Bu Pauli etkisine birçok meslektaşı şahittir. Bunlardan biri, J. Frank, ona Göttingen'deki ekipmanlarından birinin arızalandığını yazdı. Ama Pauli'yi suçlayamazdı çünkü o gün Pauli yoktu.

Pauli, kaza anında seyahat etmekte olduğunu ve treninin Göttingen istasyonunda durdurulduğunu söyledi.

Bu folklorik düşüncelere rağmen Pauli, Bohr, Heisenberg, Dirac ve diğerleri ile birlikte kuantum mekaniğinin önde gelen düşünürlerinden biriydi.

Pauli, kuantum alan teorisine yaptığı temel ve orijinal katkılarıyla kısa sürede tanındı.

(Ona Nobel Ödülü kazandıran) dışlama ilkesi, kuantum dolaşıklık olgusuyla deney yapmaya izin veren teorilerin temeliydi.

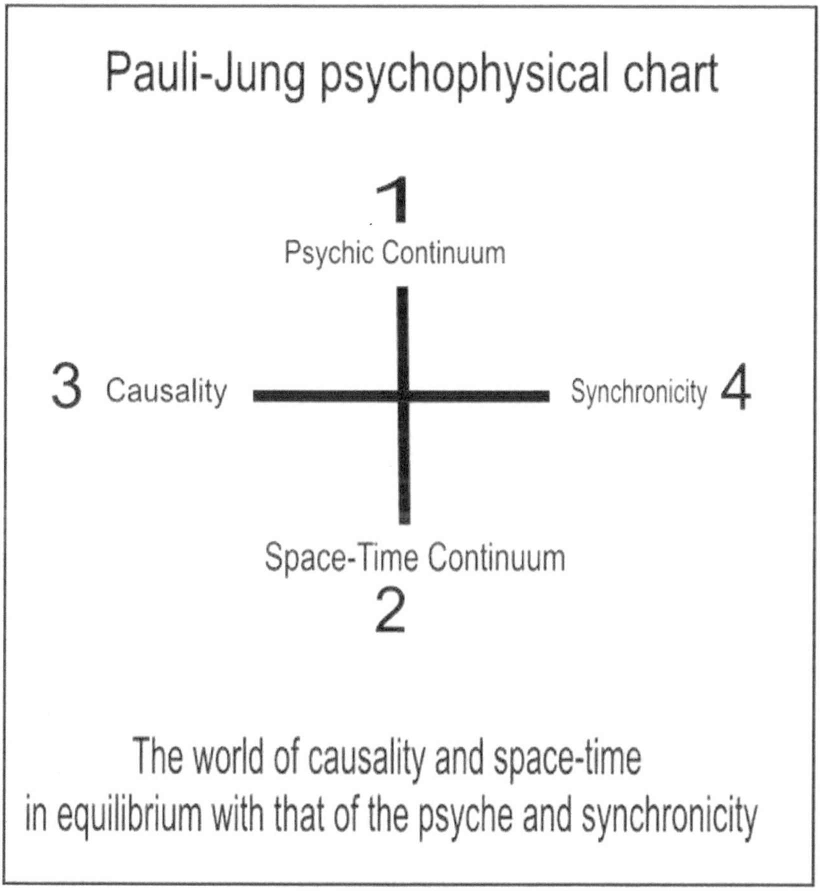

Şekil 32 Wolfgang Pauli ve Carl Gustav Jung tarafından hazırlanan psikofiziksel diyagram.

1-2 İki dikey kol, madde dünyasıyla denge içinde psişenin dünyasını temsil eder.

3-4 Grafiğin solunda ve sağında "rastgelelik" ve "eşzamanlılık" dengededir.

Albert Einstein ona her zaman derin bir takdir gösterdi. Nobel Ödülü'nün sunumunda hazır bulunduğunda, görelilik teorisinin yaratıcısı ona "manevi oğlum" dedi.
Uzun işbirliği, Jung ve Pauli'yi Şekil 32'de gösterilen psikofiziksel diyagramı geliştirmeye yönlendirdi.

Pauli ve Jung için psikofiziksel mdiyagram.

Grafiğin solunda ve sağında rastgelelik ve eşzamanlılık dengelenmiştir. Bu şekilde Newton fiziği arasındaki işbirliğini belirtmek istiyorlar. ve "psişik eşzamanlılık" ilkesi.
Nedenselliğe göre, her olay kendisini oluşturan bir nedene bağlıdır. Eşzamanlılık ise her zaman kesinlikle alakasız olaylara atıfta bulunur.
İki dikey kol, psişenin dünyasını, yani mekan ve zamanın boyutları tarafından yönetilen fiziksel ile kendini dengeleyen yerel olmayanı temsil eder.
Bu şema, gerçekliğin yalnızca maddeden değil, madde ve psişeden de oluştuğunu doğrulamaktadır. Madde ve psişenin birbirine ihtiyacı vardır. Bir psişik gerçeklik, kendisini maddi bir gerçeklikte gösteremiyorsa var olamaz ve bunun tersi de geçerlidir.

"Kuantum dolaşıklığı".

Tüm yeni keşifler, özellikle de kuantum iç içe geçme, içinde yaşadığımız tüm gerçekliği birbirine bağlayan bir "alt tabakanın" varlığını belgeleme eğilimindedir.
Quantum Intertwining'in sentezi tam olarak şudur: tüm evren, sinyallerin ve bilginin uzay ve zaman sınırı olmaksızın seyahat ettiği bir boyut aracılığıyla birbirine bağlıdır.
Temel parçacıklar düzeyinde, bu açıkça gösterilmiştir. Çıkarabileceğimiz sonuç, tüm evrenin temel parçacıklardan oluştuğu için, tüm evrenin birbirine bağlı olduğudur.
Gerçekliği kuantum mekaniği açısından incelediğimizde, daha önce imkansız olduğu düşünülen birçok olgunun gerçekten var olabileceğini görüyoruz.
Telepati, durugörü, telekinezi ve "meraklı tesadüfler" olarak bilinen tüm fenomenlerden bahsediyoruz. Psikolog Carl Gustav Jung'un fizikçi ve Nobel ödüllü Wolfgang Pauli ile birlikte "eşzamanlılık" adıyla katalogladığı önemli tesadüfler bunlardır.
Kuantum dolaşıklığı gibi bilimsel olarak kusursuz bir teorinin, onu psişik fenomenlerle ilişkilendirerek "kirli" olamayacağını savunan birileri şüpheci olacaktır.
Ancak durum böyledir ve iki gerçek kesinlikle uyumludur.
Kuantum fiziğinin ölçütleriyle yorumlanan gerçekliğin yapısı ve psişik fenomenlerin özellikleri ışık yılı uzakta

görünebilir. Bunun yerine, gerçekten etkileyici benzerlikler ve uyumluluk ile özellikleri paylaşırlar.

Dolaşıklık, birçok deney tarafından onaylanan kuantum teorisinin bir özelliğidir.

Albert Einstein, kendi görelilik kuramına aykırı olduğuna inandığı için bu yeniliği kabul etmedi. Bu nedenle Einstein, kuantum teorilerinin tutarsızlığını göstermek için bir deney hayal etti.

Öneren üç bilim insanının (Einstein, Podolski, Rosen) adından EPR olarak bilinen bu iyi bilinen deney, yanlışlıklara konu bir düşünce deneyiydi. 1980'lerde teknik geliştikçe, deney pratik olarak birçok kez gerçekleştirildi. Deney her seferinde "kuantum dolaşıklığı" teorisini doğruladı. Böylece, Einstein'ın şüphelerinin tutarsız olduğu ortaya çıktı.

"Kuantum dolaşıklığı"nın doğduğu yer. Temel parçacıklar.

Dolanıklık, temel parçacıklar düzeyinde meydana gelen bir olgudur. Bunu anlamanın ilk adımı, temel parçacığın ne olduğunu açıklığa kavuşturmaktır.

Lepton kategorisine ait olan en iyi bilinen parçacık kategorisine, elektronlara atıfta bulunuyoruz. Bilindiği gibi elektronlar, negatif elektrik yüklü çok küçük parçacıklardır.

Elektronlar, atomun (proton ve nötronlardan oluşan) merkezi bir çekirdeği etrafında yörüngede dönerler. Bu çekirdeğin pozitif bir elektrik yükü vardır, elektronların ise negatif bir elektrik yükü vardır.

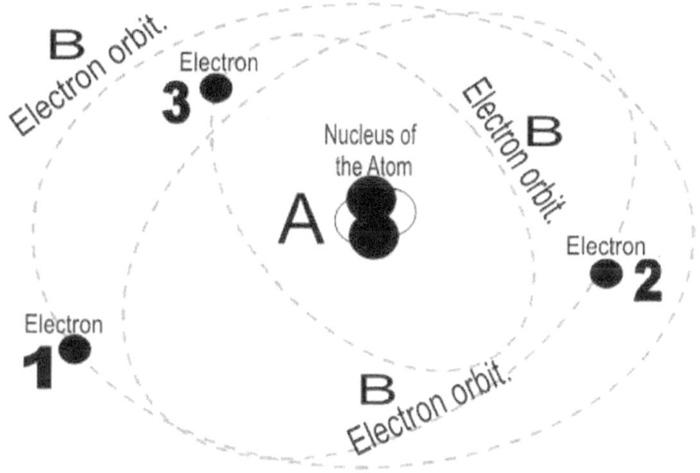

Exemghting an atom.
(nucleus, electrons, electron orbits).

The electron 1 (outermost) has an energy greater than 2 and 3, to remain in orbit around the nucleus.

Electron 2 has an energy greater than 3, but less than 1.
Electron 3 has less energy than 2 and 1

Şekil 33. Bir elektronun, çekirdeğin etrafında dönmesini sağlayacak kadar enerjisi vardır. Yörüngesi ne kadar dışsa, yani çekirdekten ne kadar uzaksa, sahip olduğu enerji o kadar yüksek olur.

A - Atomun çekirdeği.

B - Elektron yörüngeleri

1 En dış yörüngede dönen elektron, atomun çekirdeğine daha yakın yörüngelerde dönen elektron 2 ve 3'ten daha büyük bir enerjiye sahiptir.

2 Elektron 2, elektron 3'ün sahip olduğundan daha üstün bir enerjiye sahiptir. Ancak, enerjisi elektron 1'in sahip olduğundan daha düşüktür.

Elektronun hareketi bir manyetik alan oluşturur ve elektriksel iletkenlik ve ısıdan sorumludur. Ancak bizi en çok ilgilendiren özellik, elektronun enerjisindeki ve ivmesindeki değişikliklere tepki vermesi için foton yaymasıdır.

Foton bir ışık kuantumudur. "Ne kadar" kavramını açıklamak için bir örnek alalım ve biraz peynir almak için bir süpermarkete gittiğinizi hayal edelim.

100 gram, 200 veya 300 gram, hatta 150 gram isteyebilirsiniz. Yardımcı terazinin üzerine koyarak birkaç dilim kesecek ve ardından "10 gram daha var, bırakayım mı?" diyecek. Ağırlık üzerinden ödeme yaparsınız ve mutlu bir şekilde mağazadan ayrılırsınız.

Foton almaya giderseniz, işler böyle yürümez. Bir fotonun "kilogram" veya "hektogram" değil, "ne kadar" olarak adlandırılan kendi ağırlığı vardır. Foton bir "kuantum"dur. Bu mümkün olan tek önlemdir. "Kuantum" un katları veya alt katları yoktur.

Elektronumuza geri dönelim. Enerjisindeki değişimlere fotonlar yayarak tepki verdiğini söylemiştik.

Dolayısıyla amacımız şudur:

- elektronun enerjisini değiştirmek;
- bu enerji varyasyonundan bir foton elde edin.
- işlemi tekrarlayın, çünkü iki fotona ihtiyacımız var.

Bir atom, parçası olduğu elemente bağlı olarak birçok elektronla çevrilidir.

Elektronlar, çekirdeğin etrafında düzenlenmiş yörüngelerde dönerler. Enerji seviyeleri bu yörüngelere bağlıdır. Çekirdeğe uzak olanların enerjisi daha fazla, çekirdeğe yakın olanların daha az enerjisi vardır. (Bkz. şekil 33).

Kötü disiplinli elektronlar.

Ara sıra, kimsenin bilmediği nedenlerden dolayı, bir elektron bu uyumu bozmaya ve yörüngeyi değiştirmeye karar verir. Yani, bir dış yörüngeden bir iç yörüngeye atlamaya karar verir.

Ancak bu sıçramada atom ciddi biçimde sınırlıdır: özgürce küçük bir sıçrama, yarım veya daha uzun bir sıçrama yapamaz: tam olarak bir "kuantum" atlamalıdır, çünkü yörüngeler bir kuantum düzeninde düzenlenmiştir.

Elektronumuz çekirdeğe yaklaşmak için içeriye doğru sıçrarsa, yeni yörüngede artık daha önce sahip olduğu enerjiye ihtiyacı kalmaz çünkü en içteki yörüngeler daha az enerji gerektirir.

Bu nedenle elektron, enerjisinin bir kısmından vazgeçmek zorunda kalacaktır. Daha doğrusu, elektron bir "kuantum"a eşit bir enerji salmalıdır.

Kaybedilen enerjinin "kuantumuna" ne olur? Bir parçacık, yani bir "foton" olur. Daha önce de belirtildiği gibi, foton tam olarak ışığın bir "kuantumu"dur.

Elektron tam olarak bir "kuantum" atlayabilir, ne eksik ne fazla. Bu çok garip bir fenomene yol açar. Bir yörünge ile diğeri arasında, yani ara bir konumda "havada asılı" bir elektron asla bulamazsınız.

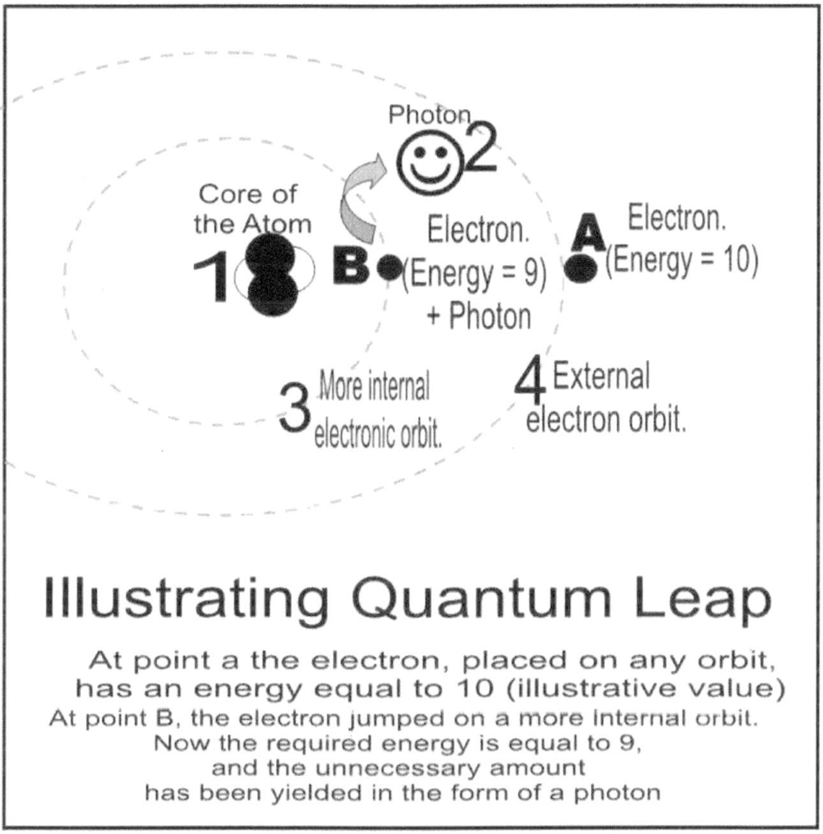

Şekil 34. Kuantum sıçraması. Çekirdeğe daha yakın bir yörüngeye atlayan bir elektron enerji kaybeder ve bunu bir foton şeklinde serbest bırakır.

1- Atomun çekirdeği.

A) - 4. yörüngede bulunan elektron. Enerjisinin 10'a eşit olduğunu düşünelim.

B) - Elektron A, daha içsel olan yörünge 3'e atlar. Bu şekilde bir "kuantum" enerji açığa çıkarır. Serbest kalan enerji bir fotona dönüştürülür.

Elektron herhangi bir geçiş olmaksızın hemen yörünge değiştirecektir. Geçilecek yer yok. Atlamak için zaman yok. Şimdi elektron burada, ama şimdi zaten başka bir yerde ve şimdi yeni bir foton var. (Bkz. şekil 34).

İleriye doğru önemli bir adım attık ama çok küçük bir adıma daha ihtiyacımız var. Dolanıklığın ne olduğunu değerlendirmek için en az iki fotona ihtiyacımız var, çünkü dolaşıklık tam olarak iki parçacık arasındaki veya ikiden fazla parçacık arasındaki ilişkiden oluşur.

Kuantum iç içe geçme, iki "ikiz" foton arasında doğar.

"Kuantum dolaşıklığı" iki "ikiz" foton, yani aynı olaydan doğan iki foton arasında ortaya çıkar.

Kuantum sıçraması tarafından yayılan fotonlar arasında özel ilişkilerin varlığına inananlar ile bunun yerine şüpheci olanlar arasında çok uzun bir anlaşmazlık ortaya çıktı.

Şüpheciler arasında, diğer iki bilim adamıyla (Podolski ve Rosen) birlikte 1935'te kuantum mekaniğinin öngördüğü teorilerin imkansızlığını göstermek için bir düşünce deneyi tasarlayan Einstein da vardı. (EPR deneyi)

Einstein parçacıkların kuantum düzeyindeki davranışlarını "uzaktan korkunç eylemler" olarak adlandırdı ve onları şiddetle reddetti.

Düşünce deneyi, pratikte yapılmayan, sadece hayal edilen bir deneydir. Bu nedenle, sonuçlar teoriktir ve doğrulanamaz.

Düşünce deneyleri, bunları pratikte gerçekleştirecek teknik araçlar olmadığında veya ekonomik araçlar bulunmadığında kullanılır.

Neredeyse otuz yıl sonra, John Stewart Bell, "Einstein-Podolsky-Rosen Paradoksu Üzerine" başlıklı bir makalesinde Einstein'ın fikirlerini destekledi.

Bell, kuantum mekaniğinin yerel olmayan karakterinin fiziksel gerçeklikle uyumsuz olduğuna dikkat çekti. Bunun böyle görünüyorsa, bunun çalışmaların eksik olmasından kaynaklandığı sonucuna vardı.

Bell, dolanıklığın kendisine atfedilen özelliklere sahip olmasının imkansız olduğu için, kesinlikle hesaplama öğelerinin eksikliği olduğunu savundu.

Ancak Bell'in makalesi, EPR deneyinin basitleştirilmiş bir versiyonu olan yeni bir deney önerdiği için, doğrulama olasılığını açık bıraktı.Bu deney, fotonların polarizasyonunu ölçerek gerçekleştirilebilir.

Belki Bell bunu beklemiyordu ama birisi onun sözüne uydu ve önerilen deneyler yapıldı. 1980'lerden beri, birçoğu tekrarlandı.

Tüm bu deneyler, kuantum düzeyinde, klasik fiziğin yerelliğinin artık geçerli olmadığını ve yerel olmayan özelliklerin yerini aldığını kanıtlıyor. Dolaşmaların özelliklerine ilişkin tahminler laboratuvarda doğrulanmıştır.

Alain Aspect tarafından gerçekleştirilen deney.

Alain Aspect, Bell'in meydan okumasını üstlenen ve "dolaşık" parçacıkların "yersizliğini" doğrulayan deneyi gerçekleştiren ilk kişiydi.

İşler Einstein ve Bell'in düşündüğü gibi gitmedi. 1982'de Aspect, kuantum gerçekliğinin yerel olmayan tarafından nasıl yönetildiğini kesin olarak belirleyen sonuçlarını yayınladı.

Aspect'in deneyi, bir atomu farklı yönlere yönlendirilmiş iki foton yayması için uyarmaktan ibaretti. Foton kaynağı olarak bir kalsiyum atomu demeti kullandı. Atomlar, her atomdan bir elektronu içe doğru iki yörünge atlamaya zorlayan bir lazer tarafından uyarıldı.

Elektron, çekirdeğe iki seviye yaklaşırken gerekli enerjiyi azalttığında, bir çift foton, yani iki kuantum ışık yayar.

Aynı kuantum sıçramasından yani aynı elektrondan doğan bu fotonlara "ilişkili fotonlar" denir. Onları aynı anneden birlikte doğan iki ikiz olarak düşünebiliriz.

Bu iki ikiz foton, daha önceki bölümlerde bahsettiğimiz yersizlik özelliklerine göre hareket eder ve kuantum seviyesinin yersizliğini doğrular.

Yersizlik, o seviyede artık ne zamanın ne de uzayın var olduğu anlamına gelir: enerji ve bilgi önceden belirlenmiş bir hızda, en fazla ışık hızında hareket etmez.

Aslında hiç seyahat etmezler: aynı anda hem burada hem de oradadırlar. Ebedi bir "şimdi" içinde yaşarlar, çünkü yerel olmayan düzeyde öncesi ve sonrası yoktur.

Bu şaşırtıcı özellikler, sözde "kuantum dolaşıklığı" teorisinin kendini kurmak için neden bu kadar çok zorlukla karşılaştığını açıkça ortaya koymaktadır.

Yaklaşık kırk yıl sonra bugün, Alain Aspect'in deneyi sayısız şekilde ve vesileyle tekrarlandı. Sadece iki, üç veya daha fazla parçacık arasında değil, son zamanlarda milyonlarca parçacık arasında "dolaşıklık" yaratmaya geldi.

Kuantum dolaşıklığının ardındaki ilke.

Birlikte yaratılan iki fotonu gözlemlersek, sanki iki insan ikiziymiş gibi aralarında gizemli bir bağ kurduklarını fark ederiz. Ama iki insan ikizi gibi değil: çok daha fazlası.

Fizik kurallarına göre, her fotonun "spin" adı verilen bir değeri olabilir. Matematiksel düzeyde, bir fotonun "dönüşünün" değeri 1'in yarısına eşittir ve pozitif (+1/2) veya negatif (-1/2) olabilir).

Bunlar zıt değerlerdir. Birbirimizi daha iyi anlamak için iki fotonun Peter ve Antoinette, yani biri erkek, diğeri dişi olduğunu hayal ederek örnekler vereceğiz.

Bir kez oluşturulduktan sonra, iki foton, her biri kendi başına iki zıt yönde hareket eder. Şimdilik, iki fotona atfettiğimiz tek bağ, onların aynı babadan (veya isterseniz anneden) elektrondan doğmuş olmalarıdır. Bu yüzden "ilgili" oldukları söylenir.

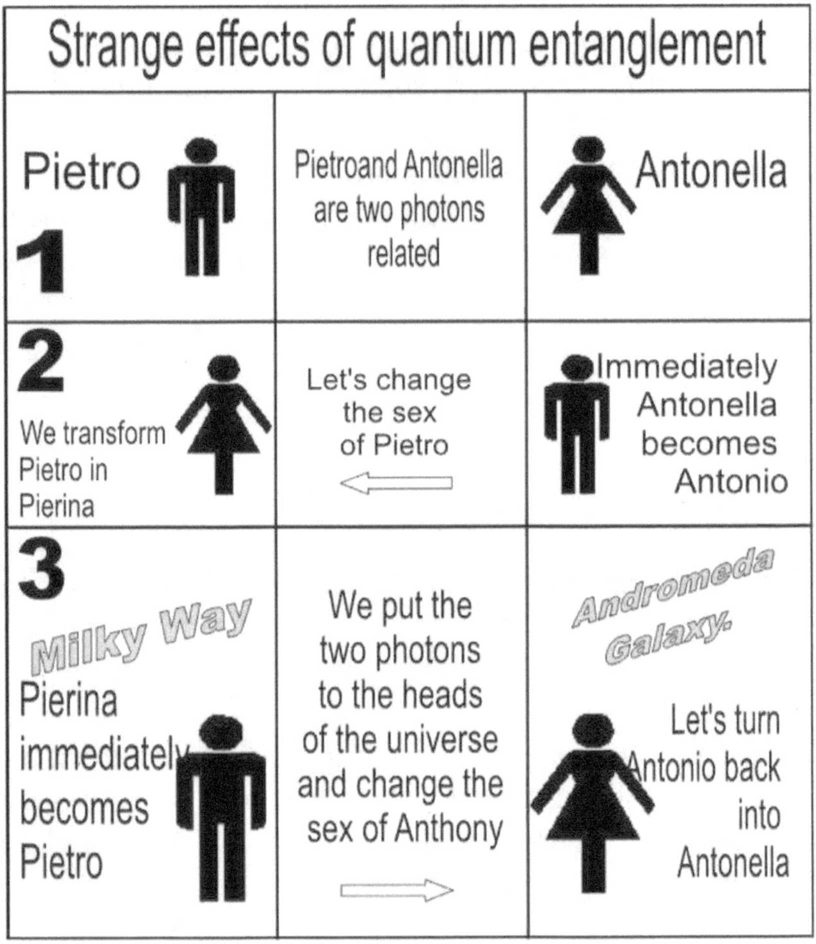
Strange effects of quantum entanglement
Pietro
1
Pietroand Antonella are two photons related
Antonella
2
We transform Pietro in Pierina
Let's change the sex of Pietro
Immediately Antonella becomes Antonio
3
Milky Way
Pierina immediately becomes Pietro
We put the two photons to the heads of the universe and change the sex of Anthony
Andromeda Galaxy.
Let's turn Antonio back into Antonella

Şekil 35. Birbiriyle ilişkili iki foton, birbirlerinden çok uzak mesafelerle ayrılsalar bile, tek bir fotonmuş gibi davranmaya devam ederler. Bu, zaman ve mekan kurallarına tabi olmayan "dolaşık" olarak adlandırılan gerçekliğin yerel olmadığını doğrular.

1 Pietro ve Antonella birbiriyle ilişkili iki fotondur

2 Pierina olan Pietro'nun cinsiyetini değiştirelim. Antonella hemen cinsiyet değiştirir ve Antonio olur.

3 İki fotonu evrenin uzak uçlarına koyalım ve Antonio'nun cinsiyetini değiştirelim. Antonio, Antonella olur. Aynı zamanda evrenin diğer ucunda Pierina cinsiyet değiştirir ve Pietro olur.

Pietro'nun Pierina olması için cinsiyetini değiştirmesini sağlarsak ne olur?

Anında Antonietta da cinsiyet değiştirir ve Antonio olur!

Şöyle düşünebilirsiniz: İlkokulda, Antonietta Pietro'ya çok yakındı, bu yüzden fark etti ve şoka tepki olarak cinsiyetini de değiştirdi.

Ama Pierina'yı burada tutarak ve Antonio'yu dünyanın diğer ucuna götürerek deneyi tekrarlarsak, aynı şey olur.

O zaman bir gözlemci itiraz edebilir:

-Ancak, Antonio dünyanın diğer tarafındaysa, değişikliği ancak belirli bir süre sonra fark edecektir.

Yanlış. Antonio, Pierina ile aynı anda cinsiyet değiştirir. Gecikme yok. Evrende hangi mesafede bulundukları önemli değildir. (Bkz. şekil 35).

Dolaşmış fotonların sadakatsizliği.

Şimdi Pietro'nun bir iş gezisine çıkması gerektiğini hayal edelim. Antonietta'yı evde yalnız bırakacak. Yolculuğu sırasında başka bir çiftin parçası olan Luigina ile tanışır. Aslında, Luigina Marco ile "dolaşmış".

Aynı anda Marco da Luigina'dan çok uzaktadır. (Bkz. şekil 36). Sempati olacak, mesafe olacak, Pietro ve Luigina birbirlerine "dolaşmış" olacaklar.

Antonella ve Marco'nun ihanete uğrayacağını ve kıskançlığa kızacağını düşünüyor musunuz? Bir şey değil. Antonella, Marco'yu hayatında hiç görmemiş olmasına rağmen, anında Marco ile "dolaşmış" olur.

Yani, Antonella'yı Antonio yaparak cinsiyetini değiştirirsek, Marco da Marcella olur, Pietro Pierina olur ve Luigina Luigi olur.

Karmaşık? Muhtemelen evet, ama parçacıklar arasında işler böyle yürüyor.

Neyse ki, bunun sadece ilgili iki parçacık arasında gerçekleştiğini söylüyorsunuz. Elbette, ama aslında evrenin tüm parçacıkları birbiriyle ilişkilidir, çünkü hepsi aynı Big Bang'den kaynaklanmıştır.

Bu nedenle yerel olmayan evrende her şey birdir, hiçbir şey bağımsız değildir. Hepimiz tüm evrenle bağlantılıyız. Yerel olmayan düzeyde, bilgi engelleri veya zaman engelleri yoktur. Yerel olmayanda, evrenin tüm bilgisi aynı anda mevcuttur.

Bu evrensel bilgiye dalmış durumdayız ve onun bir parçasıyız. Bu bilginin kırıntılarının yerel olmayandan bilinçli zihnimize kayması nadir değildir.

Birçoğunun sorduğu bir soru şudur: "Cinsiyeti değiştiren" tüm bu parçacıklar evrende herhangi bir reaksiyona neden olur mu? Kesinlikle hayır.

Bir örnekte cinsiyet değişikliği olarak önerdiğimiz şey aslında dönüş değişikliği, yani dönüş yönünün tersine çevrilmesidir.

Parçacıklar hangi yönde dönerse dönsünler, dönmeye devam ettikleri sürece evrenin işleyişi üzerinde herhangi bir hissedilir etki yaratmazlar.

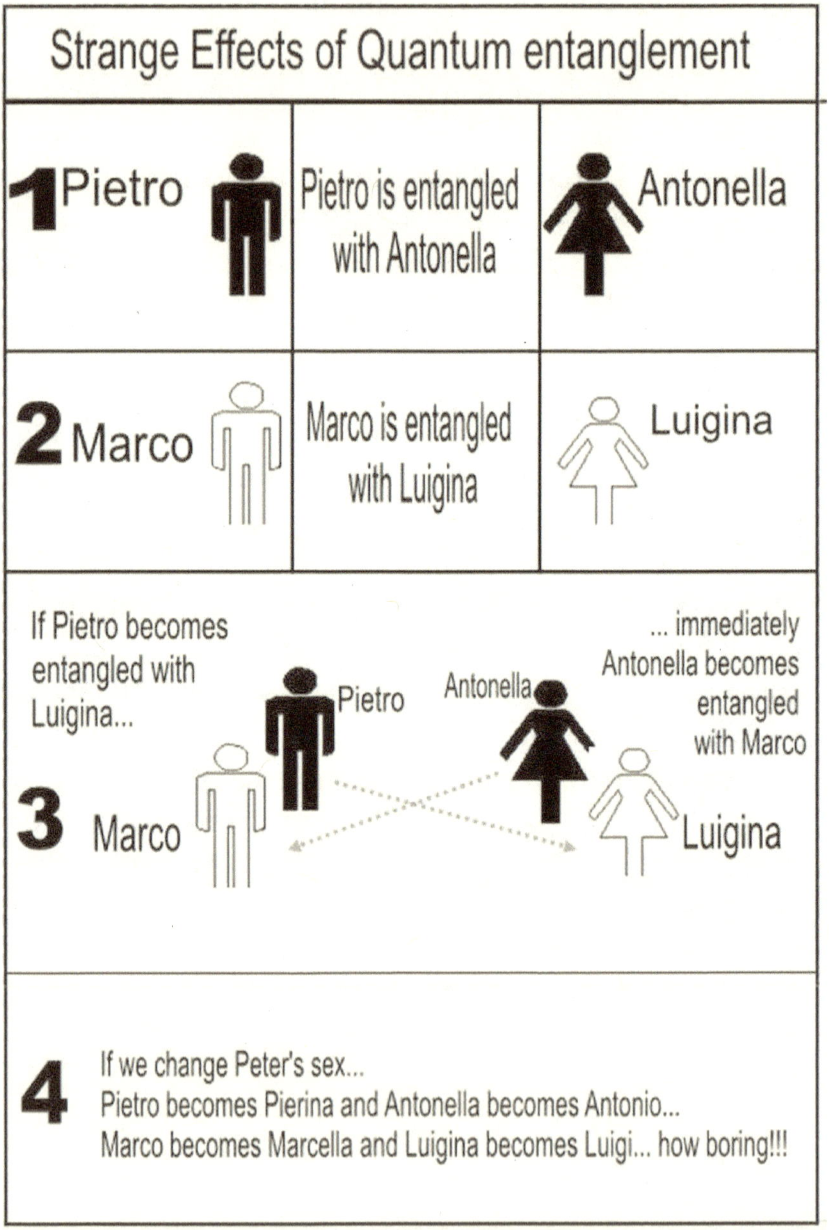
Strange Effects of Quantum entanglement
1 Pietro
Pietro is entangled with Antonella
Antonella
2 Marco
Marco is entangled with Luigina
Luigina
If Pietro becomes entangled with Luigina...
... immediately Antonella becomes entangled with Marco
Pietro
Antonella
3 Marco
Luigina
4 If we change Peter's sex...
Pietro becomes Pierina and Antonella becomes Antonio...
Marco becomes Marcella and Luigina becomes Luigi... how boring!!!

Şekil 36. Dolaşmanın garip etkileri. İkiden fazla ilişkili foton arasında dolaşıklık.

1 Pietro, Antonella ile dolaşmış

2 Marco, Luigina ile dolaşmış.

3 Peter Luigina'ya karışırsa, Marco da Antonella'ya karışır.

4 Pietro'nun cinsiyetini değiştirirsek... Pietro Pierina olur, Anronella Antonio olur, Marco Marcella olur. Luigina, Luigi olur.

Temiz?

Kolaylık sağlamak için bazı sözleşmeler oluşturduk. Sonuç olarak, sırf biz onların bu şekilde döndüğünü görmeye alıştığımız için bazı şeylerin bir anlamda dönmesi gerekiyor. Mayonezi sağdan sola çeviren bir aşçı ya da onu soldan sağa çeviren başka bir aşçı düşünün. Nihai sonuçta bir şeylerin değişeceğini düşünüyor musunuz?
Hükümet aniden saatin saat yönünün tersine dönmesi gerektiğine karar verirse, zaman farklı mı ilerliyor?

"Kuantum dolaşıklığı"nın sonuçları.

Kuantum dolaşıklığı hepsi orada, ama sonuçların ne olduğunu görelim. Birincisi, geleneksel fiziğin en önemli inançlarının yıkılmasıdır.

1 - "Kuantum dolaşıklığı" determinizmi reddeder

"Kuantum dolaşıklığı" determinizmi, yani evrenin mekanik işleyişini reddeder.
Klasik fiziğin temel bir özelliği olan nedensellik, bilginin iki cisim arasında dolaşabilmesi için fiziksel bir ortam tarafından taşınması gerektiğini belirtir.
Ayrıca mesajın hızı, saniyede 300.000 kilometre olan ışık hızını asla geçmeyecektir. Ancak "kuantum dolaşıklığı"nda Pietro ve Antonella'yı birbirine bağlayan teller yoktur. Ayrıca bunlar aynı anda gerçekleşir, yani bilgi ışıktan çok daha hızlı hareket eder.

2 - Kuantum dolaşıklığı zamanın okunu ortadan kaldırır

Bir eylem ile tepkisi arasında çok kısa bir süre geçmelidir, hatta minimum bir süre, çünkü önce gerçekler olur ve sonra sonuçlar ortaya çıkar. Ama Antonella'nın Pietro'ya (ya da tam tersi) verdiği yanıtlar zaman almıyor, aynı anda oluyor.

3-Yersizlikte mekan ve zaman yoktur

Temel parçacıklar, zaman ve uzayın olmadığı bir boyutta yaşarlar: uzay ve zamanın ötesinde birbirleriyle iç içedirler.

Bu nasıl mümkün olabilir? Antonella ve Pietro diğer parçacıktaki değişimi nasıl fark eder, nereden gelir ve bu bilgi nasıl oluşur?

Cevaplardan biri, ikisinin yalnızca görünüşte ayrıldığını, ancak onları oluşturan elektronda olduğu gibi bir olmaya devam ettiğini tahmin ediyor.

Ya da, ayrı olmalarına rağmen, tek bir büyük evrensel Akıl tarafından birleştirilirler, böylece doğdukları elektronda hala birleşmişler gibi iletişim kurabilirler. İki ayrı "zihne" sahip değiller, ama aynı "zihnin" parçasılar. Yerel olmayan düzey, evrenin büyük, tek aklıdır.

The three levels of reality or cosmology of reality.		
1	**2**	**3**
Physical level or physical cosmos.	Quantum level or quantistic cosmos.	Non-local level or psychic cosmos

Level of things subject to the rules of time and space.	Middle Earth. Things subject to non-locality rules.	Level of pure psyche not subject to the rules of time and space.

Şekil 37. Gerçekliğin üç seviyesi. Dolanıklıkla ilgili deneysel sonuçlara referansla, gerçekliğin üç seviyesinin varlığını kesin olarak onaylayabiliriz. Bu seviyelerden birkaç on yıl öncesine kadar sadece ilkini biliyorduk.

1 Fiziksel seviye veya "maddeden yapılmış evren".

Bu seviye Newton fiziğinin yasalarına uymalıdır.

2 Atom altı parçacıkların kuantum düzeyi. (Orta dünya). Maddenin temel parçacıkları Newton fiziğinin yasalarına uymaz.

3 "Yer dışı" düzeyi. Bu seviye tamamen psişiktir ve herhangi bir madde yasasına uymaz.

Altıncı bölüm. Duyu dışı algılar.

"Science cannot solve the ultimate mystery
of nature. And that is because, in the last analysis,
we ourselves are a part of the mystery
that we are trying to solve."
(Max Planck, initiator of quantum physics)

"Bilim, doğanın en derin gizemini çözemez.
Ve bunun nedeni, nihayetinde bizlerin de bu gizemin bir
parçası olmamızdır.
çözmeye çalışıyoruz."
(Max Planck, kuantum fiziğinin başlatıcısı)

Duyu dışı algılardan bahsetmişken, temel olarak üç soru sorabiliriz:

- Gerçekten varlar mı?
- Nasıl oluşurlar?
- Onlar tam olarak nedir?

Buraya kadar söylediğimiz her şeyi göz önünde bulundurursak, ilk iki soru hakkında söylenecek pek bir şey kalmıyor. Duyu ötesi algıların gerçekten var olduğu açıktır. Bireysel vicdanlar ile yerel olmayan düzey arasındaki iletişim bölümleri olarak ortaya çıkarlar..

Altıncı ve yedinci his.

Aristoteles'ten beri bize her zaman insan vücudunun beş duyusu olduğu söylendi: görme, işitme, dokunma, tatma, koku alma. Bu duyular, hayatta kalmak için yararlı bilgiler elde etmek için çevredeki dünyayla fiziksel olarak arayüz oluşturmamıza izin veren duyulardır.

Popüler bilgelikte "altıncı his" de vardır. Altıncı his, işini yapmak için fiziksel aracılara (eller, dil, göz vb.) ihtiyaç duymaz. Ancak, bunu çok iyi yapıyor. Sezgiyle ilgilidir.

Şekil 38. Carl Gustav Jung, arketipler ve kolektif bilinçaltı teorisini formüle etti.

Sezgi, yaşam deneyimimizde biriktirdiğimiz bilgi hazinesidir ve bize nelere güvenebileceğimizi ve neye güvenemeyeceğimizi oldukça sık önermeyi başarır. ne yapılması ve ne yapılmaması gerektiğine karar vermenizi sağlar. Nihayetinde, belirsiz durumlar karşısında mümkün olduğunca az risk almayı anlamamıza yardımcı olur.

Deneyimimiz ne kadar büyük olursa, sezgi o kadar çok çalışır. Bu nedenle sezgi, bir yandan herhangi bir fiziksel organın aracılık etmediği için duyu dışı olarak kabul edilebilirse, diğer yandan iki iyi nedenden dolayı değildir.

Birincisi, bilgimize bilinmeyen ve harici bilgileri eklememesidir. Daha basit olarak, zaten sahip olduğumuz bilgileri yeniden detaylandırır. İkinci sebep ise sezginin, kendi fiziksel tutarlılığı olan beynimizden geçmesidir.

Bu nedenle altıncı his, bilinen veriler üzerinde rasyonel olarak çalışır.

Bunun yerine, "yedinci his" bilincimizde çalışır. Bu duyu, bilgiyi tamamen mantıksız ve öngörülemez bir şekilde işler. Bu, beynimizden hiç geçmemiş bir bilgidir. Yani yedinci his, bizi günlük hayatımıza ve deneyimlerimize tamamen yabancı gerçeklerle tanıştırır.

Kozmos.

Felsefede "kozmos" terimi, düzenli veya uyumlu bir sistem anlamına gelir. Kelimenin kökeni, düzen anlamına gelen Yunanca kósmos'tur. Bilim dilinde kozmos, evren ile eş anlamlı olarak kabul edilir.

Kozmoloji, düzenli bir bütün olarak tasarlanan evreni yöneten maddi yapıyı ve yasaları inceler. Felsefi alanda uzay, zaman ve madde bağlamında evrenle ilgilenir.
Kozmolojinin tarihsel kökenleri, her şeyin kökeniyle ilgilenen dini anlatılarda ve Ptolemaik sistem gibi modern öncesi büyük felsefi-bilimsel sistemlerde bulunur.
Modern astronomik kozmoloji ise evreni bir bütün olarak, kökenini ve evrimini inceleyen bilimdir. Bu anlamda, felsefi kozmoloji ile yakından bağlantılıdır, ancak dünyanın kökenleri hakkında birçok metafizik veya dini teoriyi düzeltme eğilimindedir.
Kozmoloji şu anda astronomi, astrofizik, parçacık fiziği ve genel görelilik gibi çeşitli disiplinlerin birleştiği bir fizik bilimidir.
Bu kitapta tüm realiteleri bu terimde bir araya getirerek kozmos hakkında konuşuyoruz:
- görünür evren (fiziksel kozmos)
- temel parçacıkların seviyesi (kuantum kozmos)
- yerel olmama düzeyi (psişik kozmos).

Duyu dışı algının tanımı.

Yedinci his terimi, daha bilimsel olarak duyu dışı algılar veya ESP (Ekstra Duyusal Algı'nın kısaltması) olarak bilinen bazı özellikleri iyi tanımlayabilir. Bunlar:

- Ön bilgi veya geleceği tahmin etme yeteneği.
- Basiret veya normalde görünmeyen şeyleri görsel olarak algılama yeteneği.

- Telepati veya düşünce ileterek iletişim kurma yeteneği.

Duyu dışı algıların çalışma alanı genellikle parapsikoloji olarak adlandırılır.
Bu yetenekler genellikle "dışarıda doğup zihne giren bilgiler" olarak kabul edilir.
ESP'nin bir diğer türü olan telekinezi, "zihinde ortaya çıkan ve dışa doğru giden bilgi" olarak kabul edilir.
Aslında telekinezi, maddeyi zihnin gücüyle etkileme yeteneğinden oluşur ve havaya yükselmeden bilokasyona, metal nesnelerin bükülmesine, ışınlanmaya, zaman yolculuğuna kadar fiziksel fenomenlerle ifade edilir.
Önsezi, durugörü ve telepati söz konusu olduğunda, özellikle 19. ve 20. yüzyıllarda, bunların gerçeğe uygunluğunu doğrulamak için birçok çalışma yapılmıştır.
En popüler deneysel doğrulama yöntemi, sözde ganzfeld deneyiydi.

Ganzfeld deneyi.

"Ganzfeld", "tek biçimli alan" anlamına gelen Almanca bir terimdir. Bu terim 1930'da Alman tıp psikoloğu ve Berlin Gestalt Okulu'nun kurucularından biri olan Wolfgang Metzer tarafından icat edildi. Duyu dışı algıların incelenmesi için en uygun koşulları yaratmak üzere deneysel yöntemlerle oluşturulmuş bir algısal alanı belirtir.

Bir ganzfeld deneyinde, incelenecek deneğin kulaklarında kulaklık var. Artı, her iki gözünde de yarım pinpon topu var. Kulaklıklardan beyaz gürültü geliyor. Yüzün önüne, pinpon topları arasından süzülen yoğun bir kırmızı ışık yerleştirilir. Bu şekilde, olası herhangi bir dış dikkat dağıtıcıdan izolasyonu sağlamak istiyoruz.

Bu durumda geçirilen belirli bir sürenin ardından, örneğin telepati yoluyla, ekstra duyusal bir kanalla özneye görüntüler iletilmeye çalışılır.

Farklı bir yerde bulunan bir kişi iletilecek görüntüye odaklanırken, alan kişi zihninde ne gördüğünü anlatır.

İletim girişiminin sonunda yönetmen, deneğe dört görüntü gösterir ve alınan görüntüye en yakın olanı belirtmesini ister. (Bkz. şekil 39).

Bu durumlarda istatistiksel başarı oranı %25 (dört defada bir) olacaktır. Bu nedenle, alıcı, vakaların %25'inde görüntüyü tahmin ederse, sonuç istatistiksel ortalamaya eşittir ve deney başarısız olur.

CICAP (Sözde Bilime İlişkin İddiaların Kontrolü için İtalyan Komitesi), bu deneylerle ilgili olarak web sitesinde şunları yazıyor:

> "In the first ganzfeld experiments the success rate was 33-34%. We then found ourselves faced with a statistical anomaly which, according to some, proves the existence of non-normal channels of information communication"

> *"İlk ganzfeld deneylerinde başarı oranı %33-34 idi. Bu nedenle, bazılarına göre "normal" olmayan bilgi iletişim kanallarının varlığını kanıtlayan istatistiksel bir anormallik ile karşı karşıya kaldık.".*

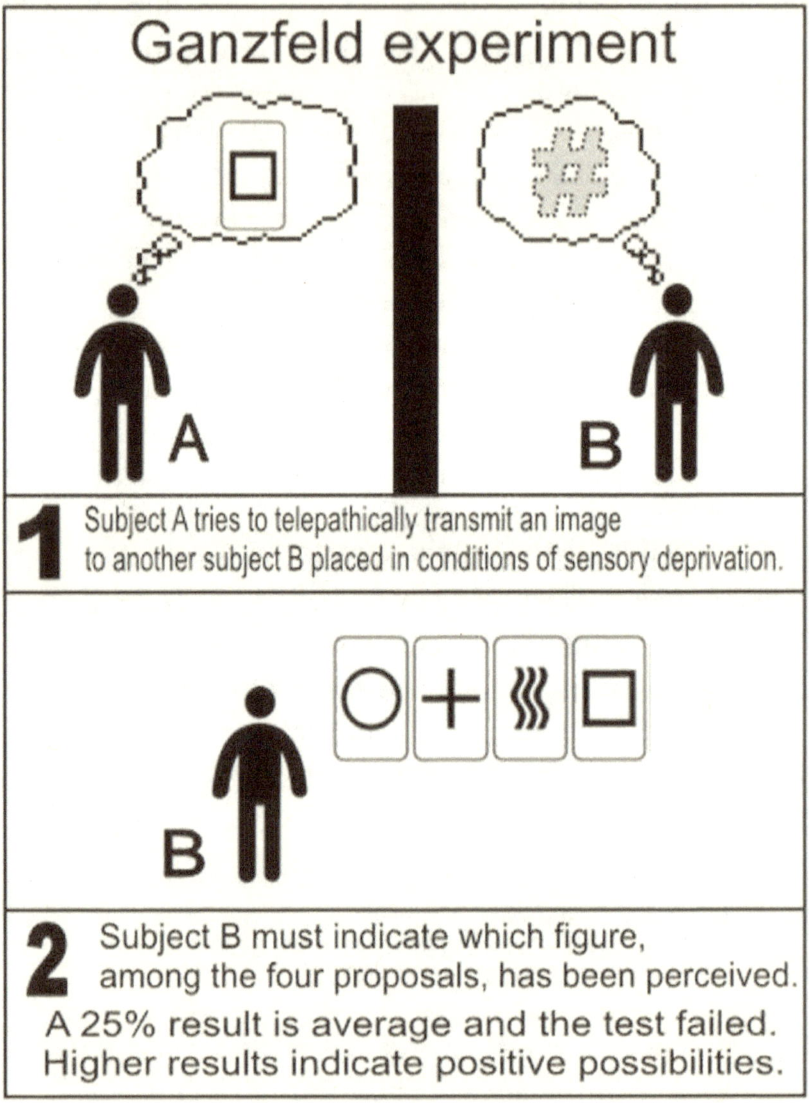
Ganzfeld experiment
A
B
1
Subject A tries to telepathically transmit an image
to another subject B placed in conditions of sensory deprivation.
B
2
Subject B must indicate which figure,
among the four proposals, has been perceived.
A 25% result is average and the test failed.
Higher results indicate positive possibilities.

Şekil 39. Tipik bir ganzfeld deneyini gerçekleştirme mekanizması.

1- Gönüllü A, bir görüntüyü gönüllü B'ye telepatik olarak iletmeye çalışır. İki gönüllü farklı odalara yerleştirilir. Dört resim mevcut.

2 - Gönüllü B, hangi görüntüyü algıladığını belirtmelidir. Ortalama sonuç %25 olmalıdır. Test ancak sonuç %25'ten büyükse başarılıdır.

1994 yılında Bern ve Honorton, "Duyu dışı algı var mı? Anormal bir bilgi aktarım sürecinin tekrarlanabilir bir testi ".
Bu sonuçlar daha sonra diğer bilim adamları tarafından geniş çapta eleştirildi.

Gerçekten de, psişik alanla ilgili tüm deneylerde her zaman bir tekrarlanabilirlik sorunu vardır. Bu, 9. bölümde daha önce gördüğümüz gibi, duygusallığın rolünü belirleyici bir şekilde oynamasına bağlıdır.
Yerel olmayanlarla herhangi bir temas, belirli stresli koşullar veya yaşamın kritik anları tarafından desteklenir. Telepati fenomeninin, güçlü dostluk veya akrabalık bağlarıyla birbirine bağlanan, anneler ve çocuklar arasında zirveye ulaşan insanlar arasında kesinlikle daha sık olduğunu biliyoruz.
Bunun yerine, deneylerde, genellikle bilinmeyen insanlardan, normalde duygusal anlamdan yoksun olan görüntüleri "soğuk bir şekilde" paylaşmaları istenir.
Bir diğer sorun ise alışkanlık ve bağımlılıktan kaynaklanmaktadır. Sürekli olarak aynı deneyi tekrarlayan insanlar, kendilerini daha az ilgili hissederler. Yani, insanlar sonunda can sıkıntısına teslim olurlar..

Telepati

Düşünce aktarımı olarak da adlandırılan telepati, ilgili kişiler arasında fiziksel bir bağlantı oluşturan başka araç veya gereçler kullanmadan zihinle iletişim kurma yeteneğidir. Terim iki Yunanca kelimeden gelir. Birincisi uzak anlamına gelen "tele"dir. İkincisi duygu, algı anlamına gelen "patheia"dır.

Temel olarak telepati, fiziksel olarak ayrılmış iki kişinin birbirleriyle temasa geçebilmesi ile ilgilidir. Bu, mesafe veya koşullardan bağımsız olarak gerçekleşir.

Duyguları ve hisleri belli bir mesafeden paylaşma yeteneği, materyalist bilim tarafından şiddetle tartışılmaktadır. Aslında telepati, beynin dışında hiçbir şeyin olmadığı varsayımıyla çelişir: düşünceler, duygular, arzular ve psişik olan her şey kafatasının içinde doğar ve aynı yerde ölür.

Materyalist bilime göre, bir beyinden diğerine uçabilen "düşünceler" yoktur. Herhangi bir telepati deneyimi, en iyi durumda, bir yanılsama olarak kabul edilir. Çoğu zaman, kişi telepati ataklarına tanık olursa, şizoid kişilik bozukluklarının kurbanı olarak kabul edilir.

Buna rağmen, birçok insan telepatik deneyimler yaşadığını iddia ediyor. ABD veya Birleşik Krallık'ta yürütülen çeşitli anketlerde, katılımcıların %40 ila %60'ı kişisel telepatik deneyimler yaşadıklarını söylüyor.

Görünüşe göre iki tür telepati var. Birinci tip, fiziksel olarak yakın, birbirini tanıyan ve zaten birbirleriyle etkileşime giren insanlar arasında meydana gelen tiptir. Birinin diğerine "aklımı okudun" demesi, yani niyetinin mükemmel bir şekilde anlaşıldığı ve deşifre edildiği klasik bir durumdur.

İkinci vaka, fiziksel olarak uzaktaki iki kişiyle ilgilidir. Biri diğerinin "çağrısını" duyduğunda ortaya çıkar. Bu çağrı, onları bağlayan bir düşünce veya onun görüntüsü olabilir. Bazen arama, arayanın sesini duyarak gerçekleşir. Bu çoğunlukla, özellikle ihtiyaç veya tehlike koşulları ortaya çıktığında, yakın bağları olan insanlar arasında olur.

Joseph Rhine'ın deneyleri.

Telepatideki klasik deneyler çizimlerle gerçekleştirilir. İzole bir odaya yerleştirilen bir kişi bir nesne seçer ve onun eskizini yapar. Ardından üretilen figürü başka bir odaya yerleştirilmiş alıcı kişiye aktarmaya odaklanır.

Bu ikinci kişi, kendisine iletilen figürü almaya ve kopyalamaya çalışır. Sonunda, tüm ortak yönleri belirlemek için görüntüler karşılaştırılır.

Telepati ile ilgili ilk çalışmalar, 1800'lerin sonlarında İngiliz Psişik Araştırmalar Derneği tarafından yapılmıştır.

1930'da ABD Durham'daki Duke Üniversitesi'nde ilk parapsikoloji laboratuvarı kuruldu ve burada ünlü Joseph Rhine tarafından Zener kartları kullanılarak deneyler yapıldı.

Rhine, duyular dışı algı olarak adlandırdığı, zihinden zihne aktarım veya telepatinin varlığını araştırmak için deneysel ve istatistiksel yöntemleri ilk uygulayan kişi olmuştur. O kesinlikle parapsikolojinin öncülerinden biridir.

Zener kartları, Joseph Rhine tarafından deneylerinde kullanılmak üzere psikolog Karl Zener tarafından tasarlanan özel bir kart türüdür.

Deste, ortak oyun kartları gibi 25 dikdörtgen karttan oluşur. Bir işaret taşıyan beş gruba ayrılırlar: Daire, Haç, Kare, Yıldız ve Dalga. Güverte 5 eşit grup içerir. (Bkz. şekil 40).

oseph Rhine'ın deneyi iki kişiye dayanıyordu. Biri diğerinden desteden çektiği kartı tahmin etmesini istedi. Önsezi deneylerinde ikisi de arkası dönük kalan kartı bilmiyordu.

Bunun yerine telepati deneylerinde deneklerden ilki hangi kartın olduğunu gördü ve onu zihinsel olarak diğer kişiye aktarmaya çalıştı.

Doğal olarak iki kişi farklı odalara yerleştirildi.

İstatistiksel bir hipoteze ve büyük sayılar yasasına göre, destedeki bir kartı tahmin etme olasılığı %20 civarında olmalıdır (5'te 1).

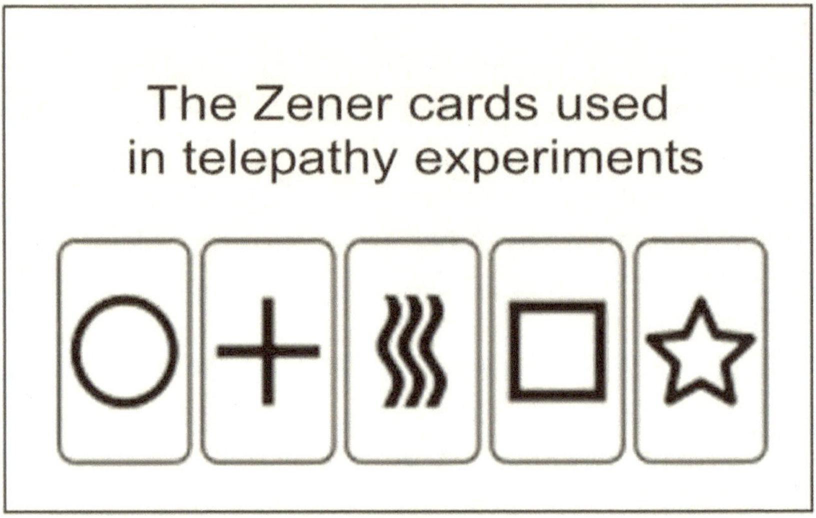

Şekil 40. Parapsikolojik alanda birçok deneyde kullanılan Zener kartları. Toplam 25 kart için beş kez tekrarlanan beş sembolden oluşan bir seridir..

Ancak, Joseph Rhine bu yüzdeden önemli ölçüde daha büyük sapmalar elde etti. Araştırmasının sonuçları 1940 yılında Harward Üniversitesi tarafından psikoloji dersleri için ders kitabı olarak kabul edilen ESP-60 olarak bilinen bir kitapta yayınlandı.

Upton Sinclair'in deneyleri.

Upton Beall Sinclair, 1878'de Baltimore'da doğdu. Sürekli ekonomik sıkıntıların ortasında yaşarken, gençliğinden sosyalist ideallere doğru itildi. Chicago'nun hayvancılık pazarlarındaki işçilerin skandallı durumuyla ilgili "The Jungle" adlı romanıyla büyük bir başarı elde etti.

Kitap, Jack London tarafından "Tom Amca'nın Kulübesi'nin hikayesi kendini tekrar ediyor" yorumunu yaptı. Churchill tarafından gözden geçirildi ve Bernard Shaw'dan sıcak hayranlık sözleri aldı.

1930'da ikinci karısı Mary Craig Sinclair ile birlikte telepatik iletişim yoluyla görüntülerin kopyalanmasıyla ilgili parapsikolojik deneyler yaptı.

Zihinsel Radyo adlı kitabında (bkz. şek. 41) yapılan deneyleri anlatmaktadır. Kitabı büyük bir başarıydı. Almanca baskı, Albert Einstein tarafından yazılmış bir önsöz içeriyordu ve şöyleydi:

Şekil 41. Upton Sinclair ve 1930'da Albert Einstein'ın önsözüyle yayınlanan Mental Radio adlı kitabının kapağı.

"I have read the book of Upton Sinclair with great interest and am convinced that the same deserves the most earnest consideration, not only of the laity, but also of the psychologists by profession. The results of the telepathic experiments carefully and plainly set forth in this book stand surely far beyond those which a nature investigator holds to be thinkable. On the other hand, it is out of the question in the case of so conscientious an observer and writer as Upton Sinclair that he is carrying on a conscious deception of the reading world; his good faith and dependability are not to be doubted. So, if somehow the facts here set forth rest not upon telepathy, but upon some unconscious hypnotic influence from person to person, this also would be of high psychological interest. In no case should the psychologically interested circles pass over this book heedlessly".

"Upton Sinclair'in kitabını büyük bir ilgiyle okudum ve yalnızca meslekten olmayan kişiler tarafından değil, aynı zamanda profesyonel psikologlar tarafından da en yüksek ilgiyi hak ettiğine ikna oldum.

Bu kitapta dikkatle ve net bir şekilde açıklanan telepatik deneylerin sonuçları, kesinlikle bir bilim insanının hayal edebileceğinin ötesindedir. Öte yandan, Sinclair gibi ciddi bir yazarın, dünyayı yorumlarken kasten bir aldatmacaya kalkışma ihtimali yoktur.

İyi niyetinden ve güvenilirliğinden şüphe edilemez. Bu nedenle, açıkladığı gerçekler telepatiye değil de kişiden kişiye bilinmeyen bazı hipnotik etkilere dayanıyorsa, bu yine de psikolojik açıdan büyük bir ilgi uyandırırdı. Psikoloji ile ilgilenen çevreler bu metni kesinlikle göz ardı etmemelidir" dedi".

Şekil 42. René Warcollier, Fransız mühendis ve parapsikolog ve 1948'de yayınlanan ancak bugün yeniden basılan telepatik deneyleriyle ilgili "Mind to Mind" adlı başarılı kitabının kapağı.

Einstein'ın bu birkaç sözü, parlak bir zekaya sahip bir bilim insanını vasat akıllar yığınından neyin ayırt edebileceğinin çok açık bir örneğidir. Einstein her zaman derin bir merak ve bilgiye susamışlık duymuştur. Hiçbir şeyi a priori dışlamadı, ama her durumda araştırmaktan, deney yapmaktan vazgeçmedi.

Bu onu, kimsenin hayal etmediği ve kendisi gibi önyargılardan arınmış bir zihin dışında kimsenin inanmayacağı görelilik gibi teoriler geliştirmeye yöneltti.

Aynı kriterle Einstein, kuantum fiziğinin çıkarımlarını a priori reddetmedi. EPR deneyini, şüphelerinin ötesinde ne kadar gerçek olduğunu doğrulamak için tasarladı.

René Warcollier'in deneyleri.

Warcollier, 8 Nisan 1881'de Paris'teki Omonville-la-Rouge'da doğdu. 1903 yılında Ecole Nationale Supérieure de Chimie'den kimya mühendisliği diplomasını aldı. Değerli taşların sentetik üretimi ile ilgili çeşitli süreçlerin patentini aldı ve sinema gösterimi için özel ekranlar yarattı. Parapsikolojiye aktif bir ilgi duydu, o kadar ki Institut Métapsychique International'ın başkanıydı.

Ana telepati çalışmaları, bir veya daha fazla "verici"nin bir görüntüyü gözlemlemesini ve bir veya daha fazla "alıcının" onu yeniden üretmeye çalışmasını içeriyordu.

1922'den sonraki çalışmalarının çoğu, Fransa topraklarına yayılmış birçok gönderici ve alıcıyı içeriyordu; ayrıca Fransa ve Amerika Birleşik Devletleri veya Fransa ve Büyük Britanya gibi farklı ülkelerde bulunan göndericileri ve alıcıları da kullandı.

Deneysel yöntemi, gerçek nesnelerin çizimlerini kullandığı için öncekilerden bir adım öndeydi. Böylece, Warcollier istatistiksel yöntemi bir kenara attı ve telepati için doğrudan kanıt elde etmeye çalıştı.

Deneylerine göre erkeklerin düşünceleri kadınlardan daha iyi aktardığını, kadınların ise daha iyi alıcı olduklarını iddia etti. Ayrıca gençlerin zihinsel izlenimlere yaşlılara göre daha duyarlı olduğunu belirtti.

Deneyleri, orijinal görüntülerin alıcılar tarafından çarpıtılmış veya deforme edilmiş olarak nasıl algılandığına odaklandı. Warcollier bunların bütün fotoğraflar olarak aktarılmadığını, ancak figürün çeşitli bileşenlerinin parçalanmış ve karıştırılmış olduğunu fark etti.

Bu, modern sinirbilimde, görsel görüntülerin beyin tarafından algılanma ve yeniden yapılandırılma biçiminde doğrulanır. Warcollier'e göre, telepatik görüntüler bilinçdışından bilince çıkar ve burada rüya görüntüleri gibi işlenir.

Bu nedenle telepatik olarak iletilen görüntülerin çarpık olduğu ve normalde gözle algılananlardan daha az net olduğu sonucuna vardı.

Warcollier deneylerini sayısız yayında, özellikle Revue Métapsychique'in 56 makalesinde anlattı. Bunlar ayrıca, "La Télepathie" (1921) ve "La Métapsychique" (1940, 1946) ve özellikle 1948'de yayınlanan "Mind to Mind" da dahil olmak üzere çok sayıda kitabında yayınlandı. Bu kitap bugün hala yeniden basılmaktadır. (Bkz. şekil 42)..

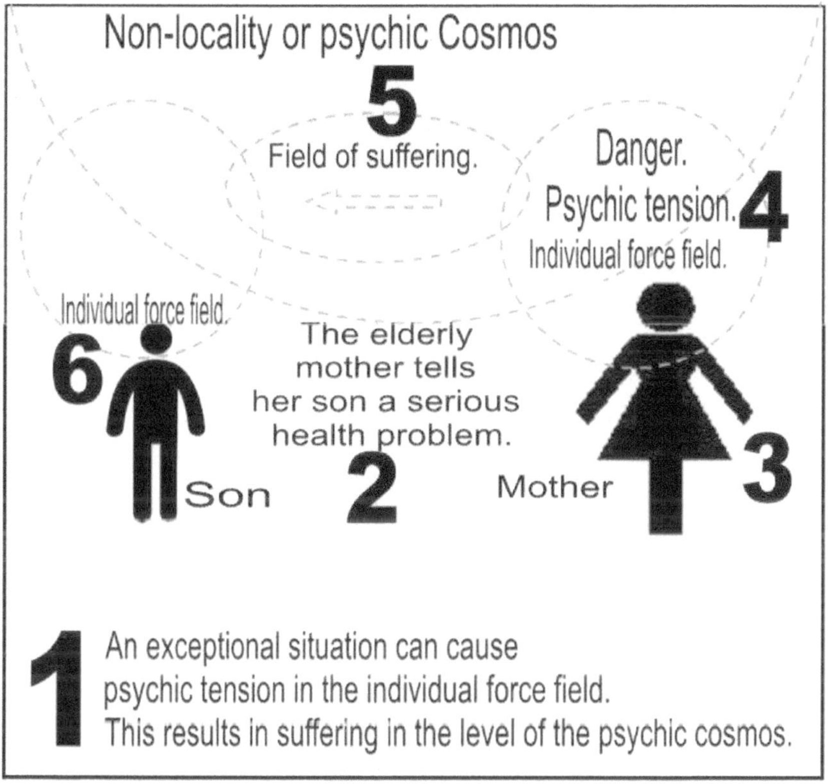
Non-locality or psychic Cosmos
5
Field of suffering.
Danger.
Psychic tension.
4
Individual force field.
Individual force field.
6
The elderly mother tells her son a serious health problem.
Son
2
Mother
3
1
An exceptional situation can cause psychic tension in the individual force field.
This results in suffering in the level of the psychic cosmos.

Şekil 43. Telepati nasıl olabilir? Annenin bireysel güç alanı, potansiyel olarak tehlikeli bir durum nedeniyle gergin durumdadır. "Çağrı alan" çocuğun bireysel alanı ile acı yaratılır.

1 İstisnai bir durum, bireysel kuvvet alanında gerginliğe neden olabilir. Bu gerilim psişik evrende acıya dönüşür.

2 Yaşlı anne bir sağlık sorununu çocuğuna bildirir.

3-4 Annenin psişik alanı gergin durumda

5-6 Yersizlik yoluyla annenin ıstırap alanı çocuğa iletilir.

Kuantum dolaşıklığı ve telepati.

Tanımladığımız tüm deneyler en iyi bilinenlerden sadece birkaçıdır. Dolanıklığı henüz bilmeyen bilim adamları tarafından yürütüldüler.

Kuantum dolaşıklığının teyidi, yerel olmayan bir gerçeklik, yani fikirlerin ve düşüncelerin serbestçe dolaşabileceği psişik bir kozmos hakkındaki tüm varsayımları mümkün kılar. Dolaşım ayrıca telepatik aktarımlar şeklinde de gerçekleşebilir.

Fiziksel gerçekliklerini, yani zihinlerini ve bilinçlerini, evrenin tüm güç alanlarıyla temasa geçebilecekleri psişik kozmosa bağlayan, her bir kişiyle bağlantılı bir güç alanı hayal edebiliriz.

İki insan birbirine ne kadar çok bağlanırsa, güç alanları o kadar çok iletişim kurar. Fiziksel seviyemizde doğan bu iletişimler, yerel olmayan seviyede, yani psişik kozmosta devam eder.

Tüm deneylerde, telepati olgusunun daha güçlü olduğu, iki insan arasında, anneler ve çocuklar arasında maksimum olan bir dostluk veya akrabalık bağı olduğu her zaman bulunmuştur.

Şekil 43'te yaşlı bir anne bir kaza veya ciddi bir hastalık nedeniyle zor bir dönemden geçiyor. Gerilim yüklü bireysel güç alanı, çocuğun bireysel alanına enerji verir ve alarm gönderir.

İki kamp arasında bir acı alanı kurulur. Çocuk, ciddi durumu farklı şekillerde açıklanabilecek bir "çağrı" olarak algılar: Annenin sesini duyar, görür, tehlikeli durumu ayrıntılarda görür, tehlikeyi tasavvur ettiren sembolik bir görüntü görür.

Aynı durum ikizler arasında da oldukça yaygındır. Doğumdan sonra ayrılmalarına rağmen yaşamlarındaki davranışlarında inanılmaz benzerlikler kaydeden birçok ikiz vakası vardır. Birçoğu, bunların ilginç ama olası tesadüfler olduğuna inanıyor.
Örnek olarak, doğumda ayrılan ve birbirlerini tanımayan Ohio'lu (ABD) ikizler, Dayton'dan Jim Lewis ve Lima'dan Jim Springer'in durumunu verebilirim. Maç listesi aslında çok zengin. Davayla ilgilenen iki bilim adamı, Colin Wilson ve Damon Wilson tarafından "Çözülmemiş gizemlerin büyük kitabı"nda rapor edilmiştir.

Her ikisi de Jim'i evlat edinen ebeveynleri tarafından vaftiz edilmişti.
Her ikisinin de tırnak yeme alışkanlığı vardı ve migrenden muzdaripti ya da acı çekiyordu.
İkisi de aynı marka sigara içiyordu.
İkisinin de DIY için aynı tutkusu vardı.
İkisi de tatillerini aynı bölgede geçirdiler.
İkisi de çocuklarına James Allan adını vermişlerdi.
İkisinin de Toy adında bir köpeği vardı.
Her ikisi de bir McDonald's'ta, bir benzin istasyonunda (aynı zincirden değil) ve şerifin yardımcısı olarak çalışmıştı.
İkisi de ayrılmış ve yeniden evlenmişlerdi.
Birinci ve ikinci eşlerinin isimleri aynıydı (Linda ve Betty).

Benim düşünceme göre, bu ikizler hayatlarında, belki de bilinçsizce, telepatik ilişkileri sürdürmeye devam ettiler, bu da onları olağanüstü derecede benzer yaşam seçimlerini benimsemeye yöneltti.

İkizler arasındaki duyusal tesadüfler.

CICAP web sitesi, ikizler arasındaki duyusal tesadüflerin örneklerini bildiriyor ve onları "kesinlikle çarpıcı" olarak tanımlıyor".

> "These are cases, also decidedly sensational, presented both by pairs of twins MZ (*monozygotic*) still joined, and by twins always MZ naturally and voluntarily separated in adulthood. They usually take the form of unusual coincidences in the perception of sensations that seem to derive from experiences that only one of the twins is actually experiencing, but that the other also experiences without apparent reason. This is the case, for example, of the labor pains that appeared prematurely in one of the twins and were also perceived by the other (not pregnant) who was miles away and completely unaware of the event. Like the case of Thelma Furness, who had to face a premature birth while she was in Europe, while her twin in New York Gloria Vanderbilt, totally unaware of the emergency childbirth, felt severe abdominal pains. Or the sudden fall of a twin in conjunction with a similar accident that happened to the other that was several kilometers away. Like the case of Ross Mc Whirter, shot in the head in London on the evening of November 27, 1975, while his brother Norris, an identical twin who was 30 miles away, suffered severe headache at the same time".
> (https://www.cicap.org/n/articolo.php?id=273421)

"Bunlar, hayatta hala birleşmiş MZ ikizleri (monozigotik) çiftleri tarafından sunulan,

ancak aynı zamanda yetişkinlikte ayrılan MZ ikizleri tarafından sunulan kesinlikle sansasyonel vakalardır.
Genellikle ikizlerden sadece birinin gerçekten yaşadığı duygular olarak tezahür ederler. Bununla birlikte, diğeri de bunu görünür bir neden olmaksızın deneyimler.
Bu, örneğin ikizlerden birinde erken ortaya çıkan ve kilometrelerce uzakta olan ve olaydan tamamen habersiz olan diğerinde (hamile olmayan) hissedilen doğum sancılarının durumudur.
Avrupa'dayken erken hamilelik ve New York Gloria Vanderbilt'te ikiziyle karşı karşıya kalan Thelma Furness vakası gibi. Gloria, erken doğumdan tamamen habersiz, şiddetli karın ağrısı yaşıyordu.
Veya ikizlerden birinin ani kazası olurken, benzer bir kaza kilometrelerce uzaktaki ikinci ikizin başına geliyor. Ross Mc Whirter vakası gibi, 27 Kasım 1975 akşamı Londra'da kafasından vurularak, 30 mil uzakta olan tek yumurta ikizi olan kardeşi Norris de kafasında şiddetli ağrılar çekiyordu."

Bireysel kuvvet alanı.

Şekil 43'te belirtilen bireysel bir kuvvet alanı kavramı, biraz daha çalışmayı hak ediyor.

Bir güç alanı, enerji ve bilgiden oluşur. Sonuç olarak, bir kişinin güç alanı, enerjisini ve "Ego" ve "Ben" ile ilgili tüm bilgileri içerir..

Bu bilgiler onun hikayesi, deneyimleri, ne olduğu, ne olduğu ve ne olacağıdır. Enerji, bu bilgiyi canlı ve işler kılan bileşendir. Bu kişinin fiziksel bir bedeni olmasaydı, bir canlının enerjisi ve bilgisi var olamazdı.

Aslında bilgi, onun şu anki fiziksel bedeninin parçası olan tüm parçacıkları ve aynı zamanda geçmişte onun parçası olan parçacıkları büyük bir birlik içinde birbirine bağlayan ve iç içe geçiren dolaşıklık tarafından verilir.

"Birlikte doğmuş" iki fotonun nasıl fiziksel olmayan ama psişik bir bağla bağlı kaldıklarını gördük, bu da böyle bir davranışı belirleyen, sanki ayrı olsalar bile tekmiş gibi.

Bu bağ sadece iki parçacık için değil, bir şekilde birlikte doğmuş veya her halükarda doğumlarını ve varlıklarını başkalarıyla yakından paylaşmış tüm parçacıklar için geçerlidir.

Big Bang'deki ilk enerji patlamasından doğan parçacıklardan oluşan evrendeki tüm maddenin, yerel olmayan boyutta bir anima mundi, büyük bir evrensel zihin oluşturacak şekilde birbirine bağlı olduğunu gözlemledik. Bu zihin, evrenin tüm bilgisinden ve tüm enerjisinden oluşur.

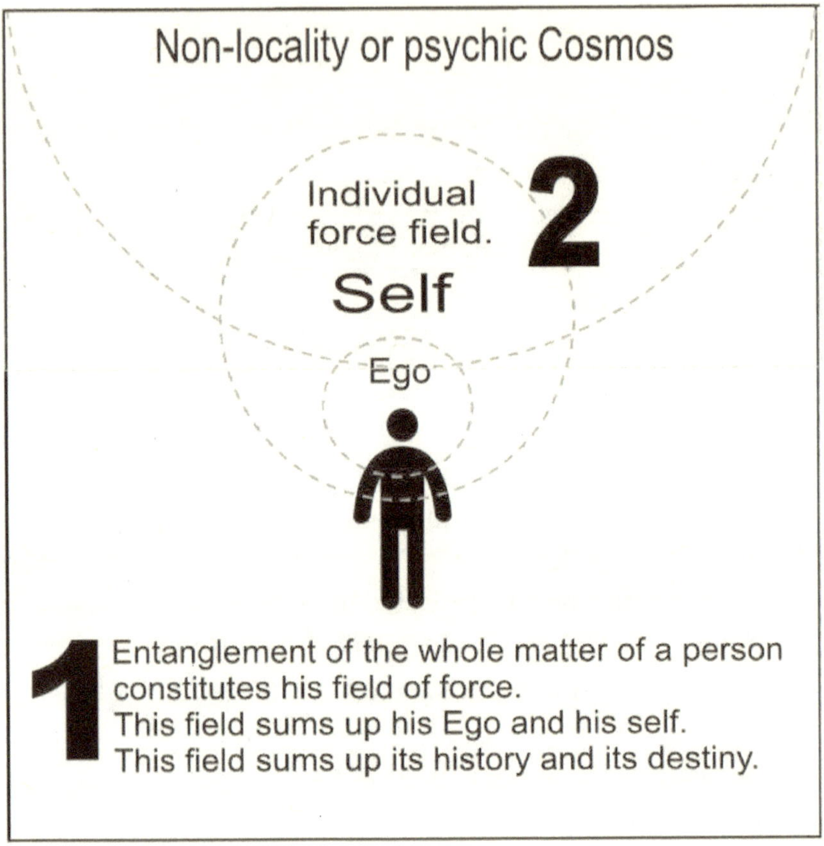

Şekil 44. Maddeden oluşan herhangi bir "şey"in güç alanı, psişik kozmosun bir parçasıdır.

Bir kişinin maddesinde bulunan bağıntılar (dolaşıklıklar) onun güç alanını oluşturur.

Bu güç alanı onun "EGO"su ile "KENDİSİ"nin toplamını temsil eder. Güç alanı, seçimleriyle kendisinin inşa ettiği kaderinin özetidir.

En alt düzeyde, canlı bir varlığın parçası olan veya olacak olan tüm parçacıkları ele alıyoruz. Bunlar onun tüm bilgilerini ve tüm enerjisini oluşturur. Kişisel Anima mundi'sini oluşturdukları söylenebilir. Belki de sadece ruhunu oluşturuyorlar.

Şekil 44'te, benzetme yoluyla basitçe ruh diyebileceğimiz tek bir bireyin Anima mundi'si, tüm bilgisini ve tarihini içerdiği için kesinlikle kişiseldir. Bunlar, vücudunu oluşturan maddede bulunur ve çözülemeyen bir dolaşıklıkla birbirine bağlanır..

Her yaratık birden fazla alanla etkileşime girer,

Yaratık terimi ile burada ister mineral, ister bitkisel veya hayvansal olsun, kendi kimliğine sahip herhangi bir madde kümesini kastediyoruz.

Bir nehir, bir papatya veya bir çekirge ve ayrıca bir insan, daha önce belirtilen üç seviyede bulunur: fiziksel, kuantum ve psişik ve enerjiler ve bilgiden oluşan, genel olarak kuvvet alanları dediğimiz şey aracılığıyla her seviyeye katılır.

Şekil 45, her bir yaratığın katıldığı çeşitli alan türlerini listeler. Her bir kuvvet alanı, bir "genetik morfoloji" alanı ve bir "fiziksel morfoloji" veya "bireysel kuvvet alanı" alanı olarak ayırt edilir. Bazılarının öneren yazarlara bağlı olarak farklı isimlerle bilinen, bazılarının ise henüz bilinmeyen birçok başka alan türü olabileceği anlaşılmaktadır.

Each creature interacts with many force fields.		
1	**2**	**3**
Morphogenetic field.	Morfic field	Individual force field.

Morphogenetic field leads the physical development in the various moments of growth.	Morfic field assures each species the correspondence to the psychological characters of the species.	Individual force field contains the personal story written by the individual himself.

Şekil 45. Canlılara varoluşlarında eşlik eden ana güç alanları.

1 "Genetik morfoloji" (morfgenetik alan) alanı, büyümenin çeşitli aşamalarındaki fiziksel gelişimi yönetir.

2 "Fiziksel morfoloji" (morfik alan) alanı, her bireyin türün psikolojik özelliklerine uygun olmasını sağlar.

3 Bireysel güç alanı, bireyin yazdığı kişisel geçmişi içerir.

"Morfoloji-genetik" alanı, yaratığın yapıcı projesini içerir. Bu proje, canlıyı oluşturan çeşitli kimyasal elementlerin kendilerini belli bir şekilde düzenledikleri süreci temsil etmektedir. Proje, her canlının türünün özelliklerine göre gelişmesine izin vermelidir.

Bu alan canlılar geliştikçe etkileşime girer ve canlıların kendilerinden etkilenebilir. Sürekli bir etkileşimdir. Bu mutasyonları açıklar.

"Fiziksel morfoloji" (morfik kamp) alanı, türün psişik özelliklerini içerir: içgüdüler, eğilimler, kültürel ve manevi nitelikler. Bu alan da tür ve çeşitlilik bakımından farklıdır. Bireysel yaratıklarla etkileşime girer.

Türlerin kültürel evrimini artırarak, bu artış aynı türün sonraki unsurlarına iletilir. Morfik alanlar, arketiplere benzer olarak kabul edilebilir, çünkü onlar da bireysel yaratıklardan önceden var olurlar ve türler geliştikçe onlar da değişir.

Bireysel güç alanı, yaratığın tüm kişisel geçmişini içerir. Bu, aynı türden diğer tüm canlılarınkinden farklıdır. Dış olaylara bağlı değişikliklere göre günü gününe yaşayarak inşa edilmiş bir hikayedir. İnsanlar söz konusu olduğunda, bu özgür iradeden kaynaklanmaktadır..

Bireysel kuvvet alanı, canlının maddi kısmıyla, yani gövdesiyle yakından bağlantılıdır. Aslında, birçok deneyim fiziksel niteliktedir, yani beş duyudan kaynaklanmaktadır.

İnsanlarda ise bazı fizyolojik süreçlerin çoğunlukla bilinçsizce yürütüldüğü açıktır. Bununla birlikte, çoğu eylem kişisel seçimden gelir. Bu, bireysel güç alanlarının her canlı için nasıl farklı olduğunu doğrular.

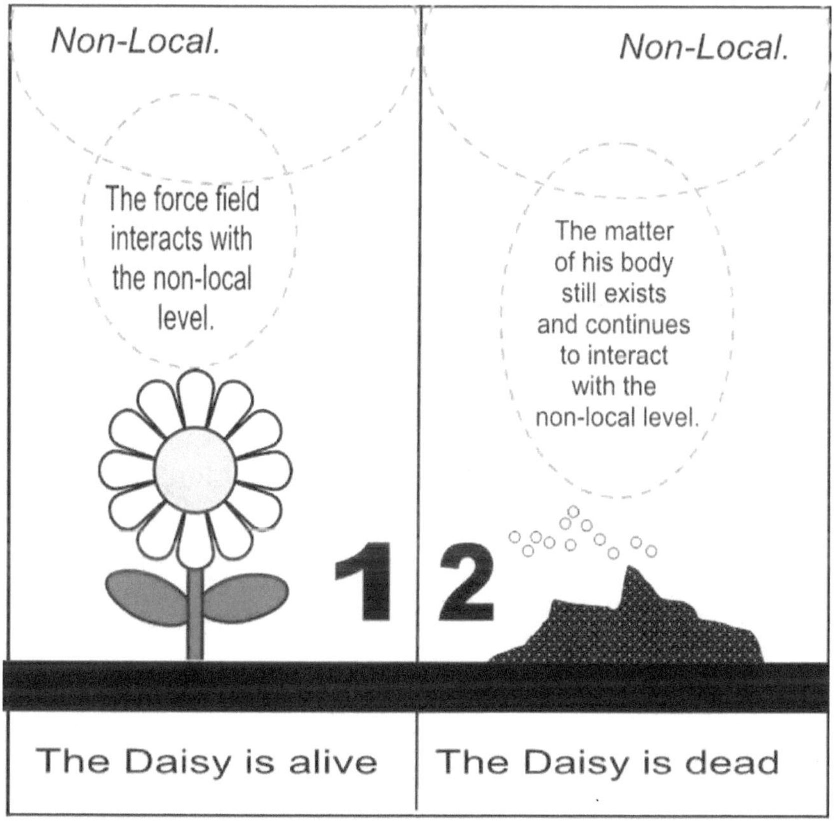

Şekil 46. Canlının kuvvet alanı, vücudunu oluşturan madde var olduğu sürece yok olmaz.

1 Papatya yaşıyor. Papatyanın kuvvet alanı, yerel olmayan seviye ile etkileşime girer.

2 Papatya öldü. Vücudundaki parçacıklar dönüştürülür ancak yerel olmayan seviye ile etkileşime devam eder.

Bu özelliklerinden dolayı "bireysel güç alanı" kavramı "ruh" kavramına benzetilebilir.

Ve yaratık öldüğünde ne olur?

Kendimize sorabileceğimiz soru şudur: Yaratık öldüğünde bireysel güç alanına ne olur?

Kesinlikle hiçbir şey. Aslında ölüm, maddenin yok edilmesini değil, sadece yok edilmesini içerir.

Bugün kozmologlar, bizim yıldız tozundan yapıldığımızı söylemekten hoşlanıyorlar. Gerçekten öyle. Vücudumuzun atomları başka cisimlerin bir parçası olabilecektir, ancak onları birleştiren dolaşma, tıpkı kuvvet alanının varlığının sona ermediği gibi ortadan kalkmayacaktır.

Bireysel güç alanı, mekansızlıkta, psişik kozmosta kalır, burada yer alan fikirlerin zenginleşmesine katkıda bulunur ve onunla birlikte olanın tarihini sonsuza kadar taşır.

Harika bir şekilde, her atom, her parçacık birden fazla kuvvet alanına katılabilir. Bu, diğer canlıların yapımında yeniden kullanıldığında da geçerlidir.

Bir canlının ölümünden sonra vücudunun maddesinin başka canlıların bir parçası olabileceği doğruysa, şimdiki canlıya ait olan aynı maddenin geçmişte başka canlıların bir parçası olduğu da doğrudur.

Hiç kimsenin "yepyeni olma" ayrıcalığı yoktur. Hepimiz, halihazırda milyonlarca veya milyarlarca kez kullanılmış olan geri dönüştürülmüş malzemelerden üretiyoruz.

Sonuçta, hayatımız boyunca, kesilmiş tırnaklar, ter, hapşırmamızdan kaynaklanan aerosoller gibi vücudumuzun sonsuz sayıda atık ürününün nasıl diğer bedenlerin bir parçası haline geldiğini, ancak paylaşmaya ve etkilemeye devam ettiğini anlamak kolaydır. güç alanımızda.

Ama her şeyin bir olduğu evrende bu bizi şaşırtmıyor. Peki, bir yaratığın bireysel güç alanı ölümsüz müdür?

Belki. Maddenin enerji olduğunu ve evrendeki tüm maddelerin Büyük Patlama'da patlayan ilk enerji yükünden geldiğini biliyoruz.

Hayal edilemez bir gelecekte, evrendeki tüm maddenin tekrar enerjiye dönüşmesi mümkündür. Bu olduğunda, daha fazla mesele olmayacak.

Muhtemelen her yaratığın bilgisi kaybolacak, ama her şeyin başladığı büyük, bilinmeyen Enerjiye katılmak için geri dönecek enerji değil.

İyilik ve Kötülük ne olacak? Belki de canlı varlıkların güç alanları, iyi ve kötünün izlerini Enerjiye taşıyacaktır.

Bu yine de Enerjide gerilim yaratabilir, bu da sadece Enerji tamamen arındığında ve sakinleştiğinde sona erecek bir döngüde yeni bir evren oluşturan yeni bir Büyük Patlamada patlayacak. Ama o zaman gerçekten son olacak.

Geleceğin bilgisi.

"Önbilgi", gelecek hakkında bilgi sahibi olma yeteneğidir. Bu yetiye sahip olanlar, olayların bilgisini daha gerçekleşmeden elde etmeyi başarır. Yerleri, nesneleri veya insanları gelecekte olacakları gibi önceden görebilirler.
Çoğu zaman birbiri için kullanılan ancak farklı anlamlara gelen daha birçok sesi bu başlık altında toplayabiliriz.

"Bir olgunun önceden sezilmesi" (sezgi a priori), çoğu zaman ne olduğunu bilmesek bile, bir şeyin olmak üzere olduğuna dair belirsiz sezgiden oluşur. Bir önsezinin endişe veya sessiz beklenti duyguları uyandırması nadir değildir.

"Öngörü" (a priori bilgi), önce belirli bir gelecekte ne olacağını bilmekten ibarettir. Bir anlamda, önsezi, yalnızca önseziden daha gelişmiş bir aşamayı temsil eder.

"Öngörü", gözlemin algılandığı anda uzaktan meydana gelen bir fenomenin bilgisidir.
Önsezi, hakkında uyarıldığımız, uyarıldığımız gelecekteki olayların edinilmesiyle bağlantılı duygusal bir fenomenden oluşur. Çoğu zaman, gerçekleştirilmekte olan veya yapılmak istenen belirli bir eyleme eşlik eden bir duygudur ve sonuçları kesin olarak görmemizi sağlar.

"Durgörü" (açıkça görmek), neredeyse bir fotoğrafta veya filmde olduğu gibi, gelecekte ortaya çıkacak olan gerçeklerin zihinsel vizyonudur.

Denizde trajik bir macera.

1827'de Grampus balina avcısı gemisi Amerika Birleşik Devletleri'ndeki Nantucket adasından ayrıldı. Ada, Massachusetts eyaletinde, Cape Cod'un 48 km güneyinde yer almaktadır. Kaptan Barnard, ambarda bir kaçak yolcunun saklandığını biliyordu. Bu, oğlu Augustus'un yakın arkadaşı olan genç Arthur Gordon'du. Üstelik kaptan bile Arthur'un babasının bir arkadaşıydı, bu yüzden aldatmayı kabul etmişti. Anlaşmaya göre, açık denizlerde bir kez, genç adamın varlığı "keşfedilecek", ancak artık onu karaya çıkaramayacak şekilde gemide kalacaktı. Bununla genç Arthur, Augustus ile birlikte macera ruhunu tatmin etmek istedi.

Birkaç gün boyunca her şey yolunda gitti, ta ki Arthur saklandığı yerdeki arkadaşından haber ya da yiyecek almayıncaya kadar. Endişeli bir şekilde, gemide kanlı cinayet hikayeleri olan bir isyan olduğunu keşfetti. Örneğin, isyancıların yanında yer aldığı için aşçı tarafından baltayla öldürülen denizcilerden söz ediliyordu.

Arthur, arkadaşı Augustus ve pişmanlık duyan bir isyancı isyana son vermeyi başardı. Ne yazık ki, bir fırtına, dümensiz kalan gemiye ciddi şekilde zarar verdi.

Üç arkadaş, Richard Parker adında başka bir genç adamla birlikte, tesadüfen ortaya çıkan başka bir gemiye sığınarak onu terk etmek zorunda kaldılar. Ama bu gemi de terk edilmiş bir enkazdı.

Şekil 47. Zamanın bir illüstrasyonunda "Arthur Gordon Pym'in Maceraları"nda anlatılan yamyamlık vakası.

Su ve yiyecekten yoksun kalan, bitkin dörtlü, hayatta kalabilmek için diğerlerinin yiyebilmesi için birini kurban etmeye karar verdi. Richard Parker'ın adı çıkarıldı. Genç adam, diğer üçü tarafından hemen öldürüldü ve yamyamlaştırıldı. Bunlar aslında kendilerini kurtardılar.

Burada kısaca anlattığım hikaye, korku edebiyatının ustası Edgard Allan Poe tarafından 1837'de yazılmış bir kısa hikayenin özetidir. Kitabın adı "Arthur Gordon Pym'in Maceraları". Yani hayali bir hikaye.

Ama ... gerçekten hiç yaşanmamış bir hikaye olduğundan emin miyiz?

Gerçek bir hikaye. "Mignonette" gemisinin enkazı..

1883'te İngiltere'yi ziyaret eden zengin bir Avustralyalı avukat John Henry Want, satılık olan 16 metrelik küçük bir yat olan Mignonette'i ziyaret etme fırsatı buldu. Buna hayran kaldı ve satın almaya karar verdi.

Sorun, küçük bir tekne olduğu ve bu nedenle bu geçiş için uygun olmadığı için Avustralya'ya götürmekti. Bazı önlemlerle yatın başlatılmasına karar verildi ve bu, 19 Mayıs 1884'te İngiltere'nin Southampton limanından Sydney varışlı oldu.

Mürettebat dört kişiden oluşuyordu: Kaptan Tom Dudley, Edwin Stephens, Edmund Brooks ve geminin göbeği Richard Parker, 17 yaşında, denizcilik deneyimi olmayan bir çocuk.

Mignonette, Ümit Burnu'nun yaklaşık 1600 mil kuzey batısında bulunduğunda, bir gelgit dalgası onu alabora etti. Yakında battı, ancak mürettebat bir cankurtaran sandalıyla güvenli bir yere kaçmayı başardı.

Ne yazık ki, aceleleri içinde yanlarında hayatta kalmaları için faydalı bir şey getirmemişlerdi. Okyanusun ortasında kendi hallerine bırakılarak bir tanesini diğerlerinin hayatta kalması için feda etmeye karar verirler. Kura atmadılar.

Kaptan Dudley ve Denizci Stephens, sıranın genç Parker'a geleceğine karar verdiler. Bunun yerine diğer denizci Brooks çekimser kaldı. Seçimin nedeni, Richard Parker'ın hasta olması ve dönecek bir ailesi olmamasıydı.

Üçü, genç çocuğun (istem dışı) fedakarlığı sayesinde kurtuldu. Daha sonra 26-27 Temmuz 1884 tarihleri arasında Rio de Janeiro açıklarında Montezuma gemisi tarafından kurtarıldılar.

Eve döndüklerinde yasal bir süreç geçirdiler.

22 Aralık 1884'te Dudley ve Stephens ölüm cezasına çarptırıldı. Ancak daha sonra, kamuoyunda hayatta kalanlar lehine genel bir ayaklanmanın ardından, ceza altı aya indirildi.

Şekil 48. Edgard Allan Poe'nun kısa öyküsünün İngilizce baskısının ön yüzü.

Şekil 49. Zamana ilişkin bir örnekte, korkunç bir batık hikayesinin 16 metrelik küçük bir tekne kahramanı olan Mignonette yatı.

Geleceğin edebi vizyonları.

Edgard Allan Poe, 1837'de kaleme aldığı Arthur Gordon Pym'in maceralarıyla ilgili fantastik öyküsünde, Gordon Parker adında genç bir çocuğun bir gemi kazasının ardından hayatta kalan diğer üç kişi tarafından yendiği bir yamyamlık vakasını anlatır.

İnanılmaz bir şekilde, 47 yıl sonra, 1884'te, olay gerçekten gerçekleşir ve Mignonette'in batmasından üç kişiyle birlikte kurtulan Richard Parker adında genç bir çocuk, diğer hayatta kalanlar için yiyecek olur.

İtalyan Ansiklopedisi Treccani, öngörü olaylarını şu şekilde tanımlar: "Öngörü, gelecekteki olayların oluşumuyla ilgili paranormal bilgilerdir. Daha genel olarak, bir önsezi, bir kehanet, bir uyarı işaretidir."

Belli bir gerçeğin olacağı hissine kapıldığımızda ve sonra gerçekten gerçekleştiğinde, bu bizi şaşkına çevirir. Sadece gelecekte olacak bir olayı bu kadar kesin bir şekilde tahmin etmeyi nasıl başardık?

Aslında, önsezi veya öngörü, yerel olmayan boyutta zaten mevcut olan bir olaya odaklanan zihinsel bir dinamizmdir. Geçmişte yaşanmış ya da gelecekte yaşanacak pek çok olay, bir anda her ayrıntısıyla bize çok net görünebilir.

Bu durumlarda bilincimiz, duyulur evrenimizde yürürlükte olan zaman ve uzay kurallarından kurtulur ve evrensel Akıl'dan öğrenir. Bu Zihin, yerel olmayan boyutta yer aldığı için, hiçbir fiziksel sınırlama bilmez.

Yerel olmayanda, evrenin tüm bilgileri, ne önceyi, ne sonrayı, ne de şimdiyi öngören bir bağlamda mevcuttur. Bu bağlamda, yazarlar, yaratıcılar ve akademisyenler olarak beyinle çalışmaya alışkın olanların tipik özelliği olan kültürel öngörü, "yerel olmayan" düzeyde mevcut olan evrensel bilgiye girmeyi başarır.Burada, günlük hayatımızda, gelecekteki olayların öngörüleri gibi görünebilirler.

Richard Parker trajedisine ek olarak, yazarların başka birçok kültürel öngörü vakası var. En bilinenlerinden biri Titanik'in batmasıyla ilgili olanıdır.

Futility. "Titan"ın batışı

Morgan Robertson, 1831'de Oswego'da doğan ve denizcilik maceralarına dayanan hikayeleriyle tanınan Amerikalı bir yazardır. Kökeninden dolayı bu türe tutkuluydu, aslında gemilerin komutanı Andrew'un oğluydu.

Görünüşe göre Morgan periskopun mucidiydi ya da gerçekleşmesinde işbirliği yaptı. Ancak şöhreti neredeyse tamamen 1898'de "Boşluk" başlığıyla yazdığı bir hikayeden geliyor. Büyük bir buzdağıyla çarpışması nedeniyle Atlantik'e batan büyük bir okyanus gemisinin hikayesini anlatıyor.

Hikayenin konusu, Amerika Birleşik Devletleri'nin eski bir deniz subayı olan alkolik ve alçalmış, Titan'da denizci olarak çalışan kahramanı John Rowland'a odaklanıyor. Bu gemi bir gece bir buzdağıyla çarpışır ve batar, ancak John bir kızla buzdağının üzerinde kaçmayı başarır.

Elbette John bu kızın yardımıyla kurtulacaktır. Onun sayesinde alkolizm sorunlarını çözecek ve hayatının geri kalanını mutlu bir şekilde yaşayacaktır.

Ancak bu hikayede bizi ilgilendiren, John Rowland'ın kişisel olayları değil, "Titan"ın hayali batışı ile "Titanik"in fiili batışını birbirine bağlayan olağanüstü tesadüflerdir. Bilindiği gibi Titanik'in batması 1912'de yani 14 yıl sonra gerçekleşti.

İki batık arasındaki tüm tesadüfleri sıralamaya çalışalım.

Titan'ın (fantastik) batışı ile 14 yıl sonra meydana gelen Titanik'in (gerçek) biri arasındaki yakınlık.

İsim.

Bir gemiye Titan, diğerine Titanik adı verildi.

Gemi kazasının kurbanları.

Her iki gemi enkazı da binlerce can kaybına neden oluyor.

Gemi kazasının nedeni.

Her iki gemi de bir buzdağıyla çarpışmaktan batar.

Etki noktası.

İkisi de sancak tarafında buzdağına çarptı.

Gemi enkazının yeri.

Her iki durumda da gemi enkazı Newfoundland'dan yaklaşık 400 mil uzakta meydana geliyor.

Çarpma anındaki hız.

Şekil 50. Bir New York Times manşetinde Titanik'in batması. Sağda, Morgan Robertson'ın Futility adlı kısa öyküsünün eski bir İtalyan versiyonunun kapağının adı "Titan'ın Gemi Enkazı" olarak değiştirildi".

İkisi de benzer hızlarda seyahat ediyorlardı. (Titan'da 25 deniz mili, Titanik'te 22,5 deniz mili).

Takma ad.

Her iki gemi de "batmaz" olarak tanımlandı.

Tahrik.

Her ikisi de üç pervaneliydi ve iki şaftı vardı.

Boyutlar.

Titan 244 metre uzunluğundaydı, Titanik biraz daha fazla, 269.

Cankurtaran sandalları.

Her ikisinin de tüm yolcular için yetersiz cankurtaran botları vardı.

İki geminin gidişi

ikisi de nisanda gitti

Navigasyon rotası..

Her ikisi de İngiltere'den New York'a giden yoldaydı.

Gerçek gemi enkazından sonra hikayenin gerçeğe daha çok benzemesi için değişikliklerle yeniden yayınlandığını söylemek gerekir, ancak burada aktardığım analojiler ilk versiyonla ilgilidir.

Olağanüstü bir şekilde, CICAP, dolaşımda çok fazla gemi olduğu için yazarın büyük bir geminin batma hikayesini hayal etmesinin oldukça basit olduğunu belirterek konuyu tasfiye etmeye geldi. yorum yapmıyoruz.

Öngörü olaylar.

Her birimiz hayatımızın bir noktasında bazı önsezilerimiz olmuştur. Genellikle önsezilere titreme, tüylerin diken diken olması gibi fiziksel duyumlar ve ayrıca "midede kelebekler" eşlik eder.

New York'taki Columbia Üniversitesi'nden bir araştırmacı, midenin aslında beynin duygusal kısmıyla sürekli olarak bağlantılı büyük bir sinir hücresi ağına ev sahipliği yaptığını iddia ediyor. Bir önsezi tarafından oluşturulan duygusal bir güç alanının, duyguyu da algılanabilir kılmak için mideyi de uyardığı açıktır.

"Ön duygular" çok yaygındır ve çoğu zaman insanların hayatlarını kurtarır.

1956'da Amerikalı mühendis William Edward Cox, "Öngörü" başlıklı bir makale yayınladı. Önseziyle ilgili araştırmasının raporunu içeren bir analiz ".

Uygulamada Cox, normal seferler yapan trenlerdeki yolcu sayısını, kazaya karışmış 28 trendeki yolcuların sayısıyla karşılaştıran bir çalışma yürütmüştü.

Karşılaştırma, kaza geçiren trenlerdeki yolcu sayısında önemli bir azalma olduğunu gösterdi. Bunun yerine, aynı trenlerde düzenli olarak seyahat eden yolcu sayısı sabitti. (Bkz. şekil 51).

Cox, parapsikoloji üzerine düzinelerce makale ve araştırma yayınlamış ve Kuzey Carolina, Durham'daki Duke Üniversitesi Parapsikoloji Laboratuvarı'nda çalışmıştı. Yani Cox bir doğaçlamacı değildi, deneyimli bir deneyciydi. 1994 yılında vefat etti.

Bazı bilim adamları, önsezilerin sezginin bir tezahüründen başka bir şey olmadığını iddia ederler. Daha önce de belirtildiği gibi, sezgi, duyular dışı bir algı değildir, çünkü zaten sahip olunan bilgiden yararlanır, onu davranış göstergelerini elde etmek için işler.

Sezgisel tepkiler ile zaten sahip olunan bilgi arasında kesinlikle nedensel bir bağlantı vardır. Ancak ön duyguda nedensel bir bağlantı yoktur.

Tecrübe bize er ya da geç bir trenin kaza yapacağını söylese bile, o trenin o gün kaza yapacağını söyleyemez.

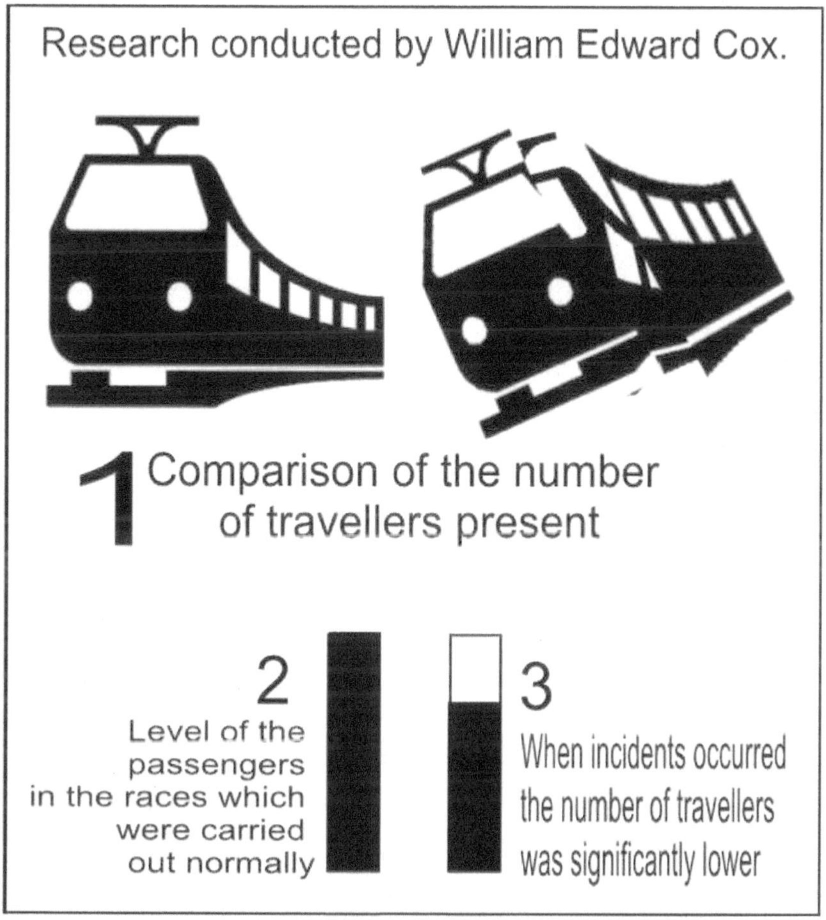

Şekil 51 Belirli demiryolu bölümlerinde trenlerdeki yolcular arasında bir karşılaştırma yapan William Edward Cox tarafından yapılan bir araştırma. Kazaların meydana geldiği durumlarda, yolcu sayısı önemli ölçüde azaldı.

1 Mevcut yolcu sayısının karşılaştırılması.

2 Kaza geçirmemiş trenlerdeki yolcu sayısı.

3 Aynı trenlerde, kazaya uğradıkları günlerdeki yolcu sayıları.

Dean Radin'in deneyleri.

Dean Radin bir psikolog, Las Vegas'taki Nevada Üniversitesi'ndeki Bilinç Araştırma Laboratuvarı'nın yöneticisidir.

Sağlam bir bilimsel geçmişe sahip olan ve üniversiteler veya diğer araştırma merkezleri gibi prestijli yapılarda çalışan parapsikologlar arasında yer almaktadır.

90'ların ortalarında Radin, işbirlikçileriyle birlikte, önseziyi doğrulamayı amaçlayan bir deney döngüsü başlattı.

Tipik deneyde, teste tabi tutulan deneklerin duygusal uyarılmaları ölçüldü. Bu amaçla parmaklara bağlanan elektrotlar vasıtasıyla özel aletlerle derinin direncindeki değişimler ölçülmüştür. Aşağı yukarı senin Lie Detector testinde yaptığın gibi.

Temel ilke, bir kişi duygusal durumunu değiştirdiğinde, ter bezlerinin aktivitesinin ve dolayısıyla cildin elektriksel aktivitesinin de değişmesidir. Test sırasında denekler, ter bezlerinde önemli değişiklikler üretecek kadar önemli olan "duygusal strese" maruz bırakıldı.

Bunu başarmak için küçük elektrik şoklarına veya ani ve hoş olmayan kokulara maruz bırakıldılar. Ancak çoğu durumda onlara resimler gösterildi.

Experiments by Dean Radin

1 To Volunteers Images from the pacific or shocking content are shown.

2

Quiet pictures.
The reaction
occurs 2-3 seconds
AFTER
viewing the image.

3

Highly emotional
images.
The test reaction is
two or three
milliseconds
BEFORE
the image is vision.

Şekil 52. Dean Radin'in deneylerinde, elektronik ekipman tarafından kontrol edilen denekler, şok edici görüntülerin geldiğini ekranda görünmeden önce algılayabildiler.

1 Gönüllüler, yatıştırıcı veya şok edici içerikli bazı görüntülere bakıyor.

2 Rahatlatıcı içerikli görüntüler söz konusu olduğunda, gönüllüler izledikten 2 veya 3 saniye sonra tepki verirler.

3 Travmatik içerikli görüntüler söz konusu olduğunda, gönüllüler görüntü gösterilmeden 2 veya üç milisaniye önce tepki verirler.

Manzara fotoğrafları veya gülümseyen çocukların fotoğrafları, bir otopsi sırasında cesetlerin veya trafik kazalarının fotoğraflarıyla veya yüksek oranda pornografik içerikle değiştirildi. Tabii görüntüler bir anda ekranda belirdi. (Bkz. şekil 52).

Deneyin çeşitli oturumları sırasında Radin ve işbirlikçileri, sakin içerikli görüntüler gördüklerinde deneklerin huzurlarını koruduklarını fark ettiler.

Öte yandan, güçlü bir duygusal yüke sahip görüntüler gösterildiğinde, denekler, bağlı enstrümanlar tarafından tespit edilebileceği gibi, güçlü tepki verdi.

Buraya kadar her şey yolunda, sürpriz nerede?

Sürpriz tepki sürelerinde yatıyor. Güçlü görüntülere tepki sürelerini milisaniye cinsinden ölçerek, duygusal durumun görüntü ortaya çıkmadan birkaç milisaniye ÖNCE değiştiği keşfedildi. Sanki deneklerin bilinçaltı, gelen görüntünün oldukça duygusal olduğunu önceden biliyormuş gibi oldu.

Gelecekteki afetlerin vizyonu.

Felaketlerin tahminine ilişkin tanıklıklar sayısızdır. Her şeyden önce, 21 Ekim 1966'da Galler'deki maden köyü Aberfan'ı sular altında bırakan heyelanı hatırlayabiliriz.

Önceki günlerde devam eden yağışların neden olduğu kömür çıkarımından kaynaklanan 150.000 metreküpten fazla atık heyelanı, saat 09.15'te kasabayı yerle bir etti. Enkaz dağı, tüm öğrencilerin hazır bulunduğu süre boyunca okulu da vurdu

Bir saat önce olsaydı, okul boş olurdu. 128 çocuk 144 kurban arasında sayıldı.

Yazar Rupert Sheldrake, "Genişletilmiş zihin" adlı kitabında şöyle yazıyor:

The psychiatrist J.C. Baker, who worked in the village after the tragedy, discovered that many people had had premonitions.
He investigated 76 cases. Of these, 3 were about dreams. Some dreams were so vivid and horrifying that those who did them would wake up with a start shouting.
Some people felt intense anguish. A ten-year-old girl, Eryl Jones, killed in the tragedy, told her mother two weeks earlier: "Mom, I'm afraid of dying" and added that she would die with her friends

"Psikiyatrist J.C. Trajediden sonra köyde çalışan Baker, birçok insanın önsezileri olduğunu tespit etti. Toplamda 76 vakayı araştırdı. Bunlardan 3'ü ilgili rüyalar. Bazı rüyalar o kadar canlı ve ürkütücüydü ki, bazıları çığlık atarak uyandı.... Bazı insanlar yoğun bir ıstırap hissetti.
"Trajedide hayatını kaybeden 10 yaşındaki Eryl Jones adlı kız, iki hafta önce annesine "Anne, ölmekten korkuyorum" demişti. Küçük kız, arkadaşlarıyla birlikteyken öleceğini de sözlerine ekledi. .

Şekil 53. Aberfan köyünde ilk yardım (Londranews.com sitesinden)

Eryl'in annesi, küçük kızın neden böyle konuştuğunu merak etti. Sonra, bir gün önce, Eryl annesine şöyle dedi: "Rüyamda okula gittiğimi ve okulun gitmiş olduğunu gördüm. Siyah bir şey gelip onu ezmişti". Annesinin isteği üzerine Eryl, küçük arkadaşlarının yanına defnedildi."

Diğer ön bilgi türleri.

Trajik olaylarla ilgili olmayan başka önbilgi türleri de vardır. Örneğin eski bir fotoğrafta bir kişiyi tanıyabilirsiniz ve kısa bir süre sonra aynı gün veya ertesi gün onunla tanışabilirsiniz. Bazen, bir insanı düşündükten sonra, bir telefon görüşmesi, bir e-posta veya bir mektup alabilirsiniz.

Birinin gelmek üzere olduğunu her zaman önceden bilen insanlar vardır, özellikle de ikisi arasında sevgi veya akrabalık bağları varsa.

Görünüşe göre, önseziler hayvanlar tarafından da deneyimleniyor. Görünen o ki, birçok hayvan depremlerin gelişini önceden tahmin edebiliyor, ancak bunun gerçekten ön bilgiye mi yoksa insanların henüz tanımlamadığı fiziksel sinyalleri almalarını sağlayan belirli hassasiyetlere mi bağlı olduğunu bilmiyoruz.

Sahibinin ne zaman eve geleceğini "bilen" hayvanlar (köpekler ve kediler) üzerinde de deneyler yapılmıştır. Bu hayvanlar, farklı zamanlarda olsa bile geri dönüşü bekleyebilirler. Bu farkındalığı açık ve net tavırlarla ortaya koyarlar. Örneğin, efendileri gelir gelmez onu karşılamak için kapıda dururlar.

İzleniyor olma hissi.

Gözlenme hissi oldukça yaygındır ve genellikle yönü gösterir, yani birinin bizi gözlemlediği yönü algılarız. Geriye dönüp baktığımızda, birinin gerçekten bize baktığını görebiliriz.

Gerçekten de, gözlemci olduğumuz sık sık başımıza gelir. Nedense bir kişiye bakıyoruz.. Aniden bu kişi dönüyor ve bakışları bizimkilerle buluşuyor.

"Nefret dolu bakışlar". Cazibe.

"Nefret dolu bakışlar", her zaman bilinen ve her zaman olumsuzluk ile karakterize edilen insan davranışının bir merakıdır. 1895 yılında Frederick Thomas Elworthy tarafından yayınlanan Nazar kitabında gözün bir güç yayma yeteneğine sahip olduğu tartışılır. Kıskanç veya öfkeli insanların gözünden bu kuvvet fışkırdığında hava kötüleşir.

Gerçekten de, Elworthy'nin zaten değerli öncüleri vardı. Antik çağda nazar inancı, Aristophanes, Plutarch ve Heliodorus gibi kültürlü adamlar tarafından tutuldu. Bazı Sokrates eleştirmenleri, bu büyük filozofun nazara sahip olduğunu iddia ettiler.

Nazardan, zıddı olan büyülenmeden bahsetmeden söz edemeyiz. Bu, bakışlarla büyüleme yeteneğidir. Bir gösteriye, filme veya dikkatimizi çeken bir şeye olumlu şekilde dahil olduğumuzda büyülenme meydana gelir. Çoğu zaman bir kişinin davranışı da bizi büyüler.

Büyülenme genellikle hipnotik bir durumun tetiklenmesi olarak yorumlanır. Bundan muzdarip olanlar tepki veremez hale gelirler. Doğadaki en bilinen örneği, kurbanını sadece bakışıyla hareketsiz bırakan yılanın ölümcül büyüsüdür.

Daha az trajik bir şekilde, örneğin bir köpek yavrusu bakışının, doğal olarak bir çocuğun veya sevilen birinin bakışı gibi bizi büyüleme yeteneğine sahip olduğunu söyleyebiliriz.

"Küresel Bilinç" Projesi.

Bir önceki bölümde, Dean Radin'in deneylerini sunarak, onlardan ortaya çıkan şaşırtıcı özelliğe dikkat çektim. Deneye tabi tutulan insanlar, en güçlü görüntülerin görünümünü önceden algılar. Bu durumlarda ölçülebilir elektrik sinyalleriyle tepki verirler. Yanıt, görüntü ekranda görünmeden birkaç milisaniye önce, erken gerçekleşir.
Bu hoş olmayan olayların algılanması olgusu birçok araştırmacı tarafından birçok kez kaydedilmiştir.
Birinin sorabileceği soru şudur: Bir insanı test ederek olumsuz durumları önceden tahmin etmek mümkünse, bir şehrin sakinlerini test ederek o şehri etkileyen olumsuz olayları önceden tahmin etmek mümkün olmaz mıydı? Benzetme yoluyla, olumsuz olaylar meydana gelmeden önce insanların bilincinde değişikliklere neden oluyorsa, nüfusun geniş kesimlerinin rahatsızlıklarını test ederek, tüm ulusları veya kıtaları veya tüm gezegeni etkileyen olumsuz olayları tahmin etmek mümkün olmaz mıydı?

Biri denedi. "Ruh Hali Durumlarının Google Profili" (GPMOS)

Indiana Üniversitesi'nden bir grup bilgisayar bilimci ve istatistikçi, Twitter başta olmak üzere sosyal ağlardaki insanların ruh hallerini analiz ederek "kolektif ruh hali"nin nabzını tutmaya çalıştı.

Şekil 54, Princeton, New Jersey'de bulunan Princeton Üniversitesi, Ivy League'deki en büyük üniversitelerden biridir ve dünyanın en prestijli üniversitelerinden biri olarak kabul edilmektedir. Küresel Bilinç Projesi'nin dayandığı yer burasıdır.

Bunu yapmak için Google tarafından hazırlanan "Mood Durumlarının Google Profili" aracını kullandılar. Bilim adamları, GPMOS tarafından kaydedilen altı ruh halini Mart ile Aralık 2008 arasında sekiz ay boyunca analiz ettiler: mutluluk, nezaket, uyanıklık, sakinlik, güvenlik, canlılık.

Sakin havanın hakim olduğu dönemleri, borsa trendiyle karşılaştırarak seçtiler ve örneklem bu durumu ifade ettiğinde, borsanın yüzde 88'e eşit bir tahmin doğruluğu ile sürprizsiz kapandığını doğruladılar.

Biri başardı. Küresel Bilinç Projesi (GCP)

Bir başkası daha bilimsel bir şekilde dünyanın nabzını tutmakla ilgilendi. Bunu, 1980'lerde Princeton Üniversitesi'nde profesörler Robert Jahn ve Brenda Dunne tarafından oluşturulan projenin bir parçası olarak yer alan devam eden araştırmalarla yaptı. Proje "Princeton Mühendislik Anomalileri Araştırması"dır.

Bu proje, çeşitli deneyler kolektif bir küresel bilincin gerçekten var olabileceğini hayal etmemize izin verdiğinde doğdu.

Çalışmalar, insan duygularının bazı küçük elektronik cihazlar üzerindeki psikokinetik etkilerini doğrulamaktan ibarettir. Bunlar elektronik rastgele sayı üreteçleridir. Teknik açıdan RNG (Rastgele Sayı Üreticisi).

Sayıların çift veya tek sayı olabileceğini biliyoruz. Bu açıdan bakıldığında iki seçenek vardır. Bu nedenle, yazı tura atışında olduğu gibi, makul sayıda atıştan sonra sonuç dengelenir (%50 - %50).

Gönüllülerden çift veya tek sayıların çıktısını zihinsel olarak etkilemeye çalışmaları istendi. Gönüllülerin istatistiklere göre gerçekten ilginç varyasyonlar üretebildikleri bulundu.

Daha sonra bir sürpriz oldu. Bilim adamları, RNG jeneratörlerini belirli bir ortama yerleştirerek, sonuçların genellikle istatistiksel olarak tahmin edilebilir olanlardan farklı olduğunu gözlemlediler. Bu, hiç kimse sonuçları etkilemeye çalışmadığında da oldu.

Sonuç, RNG jeneratörlerinin, menzillerindeki insanların ruh hallerinden etkilenebileceğiydi. Herhangi bir gönüllünün bunu yapmaya çalışmasına gerek yoktu. Hakim ruh hallerine göre, RNG'lerle etkileşime giren bir "topluluk bilinci" varmış gibi görünüyordu.

Deney "Mega Deneme" adını aldı. Almanya'da Freiburg ve Giessen'deki diğer iki araştırma enstitüsünün katılımıyla devam etti.

Sonraki yıllarda, ilginç sonuçlar ve teknolojilerin daha fazla karmaşıklığı, diğer birçok enstitünün projeye ("Küresel Bilinç Projesi" adını aldı) katılmasına izin verdi.

Birçok rasgele sayı üreteci, Avrupa'dan ABD'ye ve Rusya'ya ve ardından Japonya, Brezilya, Çin, Güney Amerika, Avustralya ve Afrika'ya kadar neredeyse tüm dünyaya yerleştirildi. Toplamda yaklaşık 150 güçlü RNG jeneratörü kuruldu.

Halen çalışır durumda olan bu jeneratörler, onları etkilemeye çalışan gönüllülerin müdahalesi olmadan çalışır. Saniyede yüzlerce kez rastgele sayılar (bir veya sıfır) üretirler, bir tahminde bulunurlar ve ardından doğru tahminde bulunup bulunmadıklarını kontrol ederler.

İstatistiklere göre, bu vakaların% 50'sinde gerçekleşmelidir.

Ama bu her zaman böyle değildir. Önemli öneme sahip toplu olaylar meydana gelmeden önce, üreticiler, sanki normal işleyişi kısa bir süre sonra olacak olaylardan etkilenmiş gibi, ortalamadan çok daha sık oranlara çarptı.

Uygulamada, RNG'ler, daha fazla sayıda kesin tahminle ifade edilen, etki alanlarına giren toplulukların kolektif bilincinde önemli bir değişiklik kaydedebilmektedir.

Olay bütün bir kıtayı etkileyebiliyorsa, o kıtanın tüm oluşturucuları aynı varyasyonları kaydeder. Teyit olarak, 11 Eylül 2001'de New York'taki İkiz Kuleler'e yapılan saldırıdan birkaç saat önce kesin tahminlerde büyük artışlar kaydedildi.

Bu zirveler, yerel veya küresel olarak, kısa bir süre sonra, eylem alanları içinde yer alan popülasyonları duygusal olarak etkileyecek olan olaylardan önceki saatlerde meydana gelmeye devam ediyor.

Sadece olumsuz olayların jeneratörleri değil, aynı zamanda Olimpiyatların açılış törenleri veya diğer büyük uluslararası spor etkinlikleri vesilesiyle olduğu gibi olumlu olayları da etkilediği söylenmelidir.

Tek sorun, çoğu durumda araçların, olması gereken bir şey hakkında insanlığın ne zaman gergin olduğunu anlamamıza izin vermesidir, ancak bunun nasıl ve nerede olacağını belirlemek mümkün değildir.

Bugün "Küresel Bilinç Projesi".

1980-2002 yılları arasında proje çalışmaları Prof. Şimdi Koordinatörü olan Roger D. Nelson. Profesör. Nelson, bilinç ve niyet ve zihnin fiziksel dünyadaki rolü konusunda uzmanlaşmıştır. Çalışmaları bilim ve maneviyatı bütünleştirir. Doğrudan sayısız ortak deneyime odaklanan bir araştırma modelini içerir.

Nelson, insan gruplarındaki belirli bilinç durumlarının etkilerini incelemek için RNG teknolojisini kullandı.

Bu artık, Princeton Üniversitesi'nde bulunan bir sunucuya sürekli olarak veri gönderen, küresel olarak dağıtılmış bir RNG ağından oluşmaktadır.

Ağ, savaşların başlangıcı, doğal afetler, büyük spor etkinlikleri ve Yeni Yıl gibi büyük kutlamalar gibi büyük dünya olaylarında küresel bir bilincin heyecana girdiğinin belirtilerini kaydetmek için tasarlandı.

New York'taki "İkiz Kuleler" vakası.

"Küresel Bilinç Projesi" tarafından rapor edilen belki de en trajik olay, 11 Eylül 2001'de New York'ta İkiz Kuleler'e yapılan saldırı ve yıkılmasıyla meydana gelen olaydı.

Gerçekten de, o gün, yaklaşık 3.000 kişinin ölümüne ve 6.000 kişinin yaralanmasına yol açan bir dizi dört intihar saldırısı oldu.

Şekil 55. New York, 11 Eylül 2001. "Küresel Bilinç Projesi"nin araçları, uçağın ilk kuleye çarpmasından iki saat önce dünya nüfusunda çok güçlü bir gerilim kaydetti..

Projeye katılan Dean Radin, "Entangled Minds" adlı kitabında RNG cihazlarının davranışını şu şekilde açıklıyor:

"In examining the results of the analysis, we noticed that something unusual happened that day. On 11 September 2001, the curve of the graph underwent an incredible deviation in comparison with the other days examined. It turned out that this curve peaked about two hours before the hijacked plane crashed on the first of the Twin Towers, in New York, at 8.46 am local time.
There is no easy answer to the question of why the curve peaked before the terrorist attack, although it does remind us of the data obtained from precognition experiments. What caused this big change? Has the massive coherence achieved by the whole of minds, at world level, that day been reflected in the behavior of random number generators? It seems that things have gone this way. "

"Analizin sonuçlarını incelerken, o gün olağandışı bir şey olduğunu fark ettik. 11 Eylül 2001'de grafiğin eğrisi, incelenen diğer günlere kıyasla inanılmaz bir sapma yaşadı. Önsezi deneylerinden elde edilen verileri hatırlatsa da terör saldırısından önce eğrinin neden zirve yaptığı sorusunun kolay bir cevabı yok."

Sonuçlar. Doğru zaman mı?

Uygarlığın doğuşundan bu yana insanlık her zaman doğrusal olmayan bir şekilde ilerlemiştir, ancak Darwinizm türlerin aşamalı olarak evrimi teorisini desteklese de, uygun mutasyonlar yoluyla aşamalı olarak çevresel koşullara uyum sağlama yolunda ilerlemiştir. "fiziksel tedricicilik" olarak adlandırılır.

1972'de iki bilim adamı, Stephen Jay Gould ve Niles Eldredge "noktalı dengeler" teorisini önerdiler. Fosillerin çalışmasına dayanarak, iki bilim adamı evrimin doğrusal aşamalılığına itiraz etti. Türlerin uzun süre sabit kaldığını ve daha sonra kısa süreler boyunca değiştiğini savundular.

Pratikte, evrimsel değişiklikler, seçici çevresel güçlerin etkisi altında, nispeten hızlı bir şekilde meydana gelir; bu evrimsel varyasyon patlamaları, uzun istikrar dönemleri ile serpiştirilecektir.

İki bilim adamı türlerin biyolojik düzlemdeki evriminden bahsediyorlardı, ancak insan söz konusu olduğunda biyolojik evrime kültürel evrimin de eşlik ettiği açıktır.

Gerçekten de, 14. bölümde kendimize, insanın neden taş devrinde neredeyse dört milyon yıl boyunca hareketsiz kaldığını, ardından son 12.000 yılda inanılmaz bir hızla bilgi teknolojisi çağına kadar evrimleştiğini kendimize sorduk. (bkz. şekil 30).

Bu konuda doğru zaman ilkesini destekledim. Her şeyin gerçekleşmesi için doğru bir an vardır, dış nesnel koşulların gerçekleşmesini kolaylaştırmak için uygun olduğu bir an.

Doğru an, "anı yakalamaya" teşvik eden bir dizi eşzamanlılıkla kendini gösterir.

Her birimiz için doğru anlar vardır, ama hepsinden önemlisi kümelenmeler, halklar, tüm insanlık için doğru anlar vardır.

Bunlar, ulaşmaya çalışılacak yeni kültür ve medeniyet seviyelerinin farkındalığında olağanüstü sıçramalar yapmanın mümkün olduğu anlardır. Bu durumlarda, özellikle güçlü, ısrarlı ve tekrarlanan eşzamanlılıklar, insanları evrimsel sıçrama yapmaya iter.

Bu anlardan birini, yani maddenin uygarlığından maddenin psişeyle birleşmiş uygarlığına geçişi yaşadığımıza inanıyorum.

İnanılmaz bir eşzamanlılıklar dizisi bizi bu hedefe doğru yönlendiriyor. Her şeyin değişeceği zihnin evrimsel bir aşamasını deneyimleyeceğiz. İnsanlık bu sıçramayı yapacak cesarete sahipse artık hiçbir şey eskisi gibi olmayacak.

Kuantum fiziğinin gelişimine, dolaşıklığın gerçekleştiği yerel olmayan gerçekliğin inanılmaz keşfine, "Küresel Bilinç" projesinin son gelişmelerine tanık olduk. Bütün bunlar psikoterapist Carl Gustav Jung'un kolektif bilinçdışına ilişkin teorileriyle örtüşüyor. Jung'un kuantum fizikçisi Wolfgang Pauli ile karşılaşması ve işbirliğinden çok şey ortaya çıktı.

Rupert Sheldrake'in morfik alanlar üzerindeki çalışmaları veya fizikçi David Bohm'un holografik evren teorisi gibi düzinelerce başka tesadüfi olayı hatırlayabiliriz.

Son elli yılda yoğunlaşan tüm bu olaylar, artık gerçeklikle tutarlı olmayan yüzyıllarca süren inançları süpürüp süpürebilecek girdaplar üreten çalkantılı bir eşzamanlılık nehrini temsil ediyor.

Bu süpürülen inançlar arasında materyalizmi ilk etapta buluyoruz. Sonuç olarak, inançsızlık ve duyu dışı algıları "illüzyonlar ve aldatmalar" olarak tanımlayan kınama ortadan kalkar.

Genel kafa karışıklığı içinde, dürüst olmayanlardan oluşan tüm orduların, sözde güçlere veya yeteneklere sahip olmakla övünerek başkalarını aldatmak için bundan yararlandıkları doğrudur. Bu, bütünün gözden düşmesine ve inkar edilmesine neden oldu.

Duyu dışı algılar fenomenine inanılırlığı geri getirmenin zamanı geldi. Konuya ciddiyetle yaklaşılmalıdır. Duyu ötesi fenomenlerin dilinin bizim için hala bilinmediğinin farkında olmalıyız. Ama artık bir dilbilgisi ve sözlüğün var olduğunu biliyoruz ve onları incelemek için çok çalışabiliriz.

Bibliography

Amir Dan Aczel, Entanglement. The greatest mystery of physics.
Barbour Julian, End of the time.
Barrow John David, From zero to infinity. The great story of Nothing.
Barrow John David, The numbers of the universe,
Barrow John David, Why is the world a mathematician?
Barrow John David, look Frank The anthropic principle.
Beitman Bernard, Messages from coincidences.
Cambray Joseph, Synchronicity. Nature and Psyche In a connected universe.
Cantalupi Tiziano, Santarcangelo Donato, Psychism and reality. .
Capra Fritjof, The Tao of physics.
John Cederquist, Coincidences They don't exist.
Cesati Cassin Marco, We're not here by chance.. The power of coincidences.
Subrahmanyan Chandrasekhar, Truth and Beauty. The reasons for aesthetics in science.
Chinnici Giorgio, Case Guard. The secret mechanisms of the quantum world
Chopra Deepak, Coincidences
Ford Kenneth, The world of Quanta. Quantum physics For everyone.
Gamow George, The Adventures of Mr. Tompkins.
Gamow George, Mr. Tompkins ' New World.
Goswami Arneb, Quantum Lighting Guide.
Greene Brian, The plot of the cosmos. Space,

Greene Brian, The hidden universes of parallel reality And the profound laws of the cosmos.
Greene Brian, The elegant universe. Superstrings, hidden dimensions and the pursuit of definitive theory.
Hawking Stephen The Universe in a nutshell.
Hawking Stephen The theory completely. Origin and destination Dell Universe.
Hawking Stephen The great history of the time.
Hawking Stephen Do Big Bang For black holes. A brief history of the universe.
Heckler, Richard, Coincidences.
Robert Hopke, Nothing happens by chance.
Joseph Frank, The power of coincidences.
Young Carl The analysis of Dreams. Archetypes of the unconscious. Synchronicity.
Young Carl Memories, DreamsReflections.
Kane Gordon, The Garden of Particles Elemental.
Shani Mani Quantum. From Einstein In Bohr, quantum theory, a new idea of reality..
Rei Hans, Christianity and Chinese religiosity.
Lederman Leon, Hill Christopher, Physical Quantum for Poets
Licata Ignazio, Watching the Sphinx.
Motterlini Matteo, Mental traps.
Peat David, Synchronicity. A union between the matter e Psyche.
Popper Karl, The Ego and your brain.
Radin Dean. Intertwined minds. Psychic phenomena explained by quantum physics.
Rhine Louisa, Psychokinesis. in mind Dominates matter..
Schumacher Ernst, A guide to the Perplexed, the B
Sheldrake Rupert, The illusions of Science.
Sheldrake Rupert, The mind Extended..
Michael Smith, Young and Shamanism.

Sparzani and Panepucci. (Curators**)** Young and Pauli. The original correspondence: The meeting between psyche and matter.
Henry Stapp Quantum theory and free will..
Michael Talbot, All is a. Feltrinelli
Teodorani Massimo, Bohm. The Physics of Infinity.
Teodorani Massimo, in mind Creative. From the physical universe to intelligent life.
Teodorani Massimo, The entanglement. The Weave In the quantum world: particles To consciousness.
Teodorani Massimo, Synchronicity. The link between physics and psyche. Da Pauli Young ' s Next In Chopra.
Teodorani Massimo, The Atom and the particles Elementary.
Seems Frank The physics of Immortality.
John White, The encounter between science and spirit..
Claudio Widmann, Synchronicity and coincidences Significant.
Claudio Widmann, Introduction to Synchronicity.

Bruno Del Medico, blog yazarı, yazar, editör, sosyal güncel olaylar ve bilimin yeni sınırları ile ilgili konuların yayılmasında uzmanlaşmıştır. Son pandemi ile ilgili birçok metnin ve kuantum fiziği ve metafizik üzerine özel bir dizinin yazarıdır.

www.ingramcontent.com/pod-product-compliance
Lightning Source LLC
LaVergne TN
LVHW040424051026
849517LV00002B/461

* 9 7 9 8 2 1 5 7 8 0 9 5 4 *